砖石古塔结构抗震新技术

杨 涛 著

中国建筑工业出版社

图书在版编目（CIP）数据

砖石古塔结构抗震新技术/杨涛著. —北京：中国建
筑工业出版社，2019.9
ISBN 978-7-112-24083-8

Ⅰ.①砖…　Ⅱ.①杨…　Ⅲ.①古塔-砖石结构-抗震-
研究-中国　Ⅳ.①TU352.1

中国版本图书馆 CIP 数据核字（2019）第 173594 号

本书以典型密檐式砖石古塔西安小雁塔为研究对象，通过现场调查、试验研究、理论分析和数值仿真等，研究了基于 SMA-SPDS 的小雁塔结构减震控制方法；同时，利用高分子材料采用"浸渗法"对砖石古塔墙体构件进行了抗震性能研究。本书内容共 8 章，包括：第 1 章 绪论、第 2 章 西安小雁塔现场调查与抗震性能评估、第 3 章 SMA 材料的性能试验及本构模型研究、第 4 章 基于小雁塔保护的 SMA-SPDS 有效性分析及优化设计、第 5 章 设置 SMA-SPDS 的小雁塔结构振动台试验研究、第 6 章 设置 SMA-SPDS 的小雁塔结构仿真分析及优化建议、第 7 章 无损性能增强材料在砖石古塔保护中的应用、第 8 章 结论及展望。

本书可供从事砖石古塔结构抗震性能研究人员，以及高校师生参考使用。

责任编辑：王华月
责任校对：赵　菲　张惠雯

砖石古塔结构抗震新技术
杨　涛　著

＊

中国建筑工业出版社出版、发行（北京海淀三里河路9号）
各地新华书店、建筑书店经销
霸州市顺浩图文科技发展有限公司制版
北京建筑工业印刷厂印刷

＊

开本：787×1092 毫米　1/16　印张：10½　字数：261 千字
2020 年 1 月第一版　　2020 年 1 月第一次印刷
定价：**68.00** 元
ISBN 978-7-112-24083-8
（34563）

前 言

古塔是一种历史宗教建筑，是全人类宝贵的历史文化遗产。它不仅保存了古代生产技术、材料制作和建造工艺等历史信息，同时也是历史、文化、艺术、宗教、政治、外交、社会和经济等各方面的缩影。目前，我国现存古塔结构大多建造年代久远，自然灾害和人为破坏比较严重，抗灾变能力较差，亟需进行动力灾变保护。然而，由于古塔结构保护的特殊性，很多问题，特别是古塔结构的减震技术和保护理论等还很不完善，需要进行深入研究。本书以密檐式古塔的杰出代表，即小雁塔为研究对象，主要进行了以下研究工作：

(1) 通过调查历史档案和现场材性实测等，对小雁塔结构目前的实际状况进行了全面分析，研究了小雁塔结构的材料组成、历史修复后的结构特点以及目前的损伤情况等；同时对小雁塔结构进行了现场动力特性测试，分析了其主要动力特性和动力灾变特点，并根据本书中的古塔相似墙体模型试验结果，采用极限位移和极限承载力联合评定法，评估了小雁塔结构的抗震性能。结果表明，小雁塔结构的砂浆主要由橙黄泥、白灰、糯米浆等组成，目前的砂浆强度约 0.4MPa，塔体的抗压强度约 0.7MPa，强度较低并损伤严重，抗震性能较差，特别是 8 度大震下存在着整体坍塌的风险，亟需采取新的减震控制方法提高其地震可靠性。

(2) 进行了 48 组形状记忆合金（简写为 SMA）材料的力学性能试验，研究了加载速率、循环加载次数、应变幅值及直径等因素对超弹性 SMA 材料力学性能的影响，探讨了相应的变化规律；同时以 Brinson 本构模型为基础，提出了一种速率相关型简化本构关系，并进行了相应的模拟计算和分析，接着以试验为基础，利用遗传算法对人工神经网络中神经元的权/阈值进行优化，建立了一种新的本构模型。结果表明，本书中提出的本构模型均能够较好地反映 SMA 材料的力学行为，模拟分析结果与试验值吻合较好，但后者的适应范围更广，计算精度更为精确，特别是在 SMA 材料力学性能动力分析中更为优越。

(3) 针对目前小雁塔结构的实际状况和古塔结构地震保护的主要特点，结合 SMA 材料特殊的力学性能和悬摆减震的工作原理，将 SMA 材料复合于悬摆减震系统之中，研发了一种新的、基本不影响古塔原貌和历史信息、便于集成和能够减小古塔结构地震响应的 SMA 复合悬摆减震系统（简写为 SMA-SPDS），并对其进行了 36 种工况下的模拟地震振动台试验，主要研究了 9 种不同质量、摆长和 SMA 丝预应变等因素对 SMA-SPDS 减震效果的影响，同时利用相位分析原理，对 SMA-SPDS 的工作性能和有效性进行了探讨，检验了其控制效果和有效性；此外还以多自由度体系的模态分析为基础，将小雁塔结构解耦为多个单自由度体系，利用定点理论对 SMA-SPDS 的布置位置、最佳调谐和最佳阻尼比等参数进行了工程优化设计，建立了相应的工程优化计算方法。结果表明，本书中研发的 SMA-SPDS 频率和阻尼均可调可控，系统性能稳定，便于集成，减震效果明显，能够较好满足古塔结构的减震需求。

（4）根据现场实测塔体结构的材料组成和力学性能，分别设计制作了2组共24块模拟小雁塔塔体结构胶凝材料的胶结试块和2组共12个模拟小雁塔塔体结构材料的砌体试块，并进行了相应的力学性能试验，研究了小雁塔原型结构原始材料性能在模型结构制作中的实现方法；同时以上述研究为基础，设计制作了4个模拟小雁塔塔体结构的墙体试件，通过低周反复加载试验，研究了小雁塔塔体结构的破坏形态与层间位移角的关系，结合已有研究成果并考虑小雁塔结构的文物价值和保护意义，提出了小雁塔塔体结构各种损伤状态所对应的层间位移角限值的建议区间，可供同类砖石古塔结构的损伤评定参考。

（5）根据模型结构设计的相似性理论，设计制作了一个几何相似比为1/10的小雁塔模型结构，研发了3个与之匹配的SMA-SPDS，进行了39种工况下的模拟地震振动台试验，研究了设置和未设置SMA-SPDS模型结构在地震作用下的塔体底部、中部和塔顶的相对位移和加速度响应等，探讨了塔体结构地震响应的主要特点以及相应的破坏机理和规律，检验了SMA-SPDS的减震效果。结果表明，设置SMA-SPDS后，可以明显地改变塔体结构的动力特性和变形规律，模型结构各点的加速度和相对位移响应均明显降低，特别是顶部和中部降低较多，一般情况下可减小20％左右，并且相对位移的减小尤为显著，顶部可达25％以上；此外，试验结果还表明，地震作用越强烈，SMA-SPDS的减震效果越明显，说明文中研发的SMA-SPDS是一种能够有效减小古塔结构地震响应的新型减震系统，值得进一步研究和推广应用。

（6）以小雁塔原型结构的现有实测资料为基础，采用MATLAB软件中的Simulink工具箱建立了小雁塔原型结构的仿真计算模型，设计适合原型结构减震控制需要的SMA-SPDS，进行了设置与未设置SMA-SPDS的仿真计算分析，并在设定工程优化目标的前提下，利用模态控制原理，对SMA-SPDS在小雁塔原型结构中的设置位置、设置数量、SMA-SPDS参数等工程优化问题进行了探讨，提出了小雁塔原型结构设置SMA-SPDS的工程优化布置方案。研究结果表明，工程优化布置后，小雁塔原型结构顶部相对位移和加速度响应的减震效果均达43％以上，可见减震效果非常明显。本书的研究结果不仅为小雁塔结构地震保护提供了一种新方法，而且也适用于类似古塔结构的地震保护，具有较好的工程应用前景。

目　　录

第1章 绪 论

1.1 古塔的历史变迁和研究现状

1.1.1 古塔的历史渊源和价值

我国是一个有着悠久文化历史的古老国度，华夏文明传承五千年，是典型东方文明的代表。我国的传统文化里也吸纳和借鉴了各种外来的文明成果，其中影响最大的是两汉之际由印度传入我国的佛教。自东汉末年之后佛教在中国扎根，并与中国传统文化结合，从而使民间百姓和统治者都追随佛教的信仰，以至于到了魏晋南北朝时期，全国各地修建了大量的佛教寺院[1]。在早期传统的佛教建筑中，佛塔居于佛寺中心，是寺院的主体，塔内藏有舍利，是教徒崇拜的对象；后来，供奉佛像的佛殿逐渐成为寺院的主体，而佛塔也出现脱离寺院单独建造的形式，表现为有塔无寺，有寺无塔的情况；在佛塔历史发展的后期出现了多塔的形式，如双塔相伴，三塔鼎力，乃至众僧同葬的塔林[2]。如今，曾经矗立在寺庙园林中的古塔，已成为中华大地上独有的风景，如苏州虎丘山巅的虎丘塔，杭州钱塘江畔的六和塔，大理洱海之滨的崇圣寺三塔，西安曲江的大雁塔，以及山西应县木塔等古塔都具有独特的建筑构造风格和唯美的艺术形象，是我国优秀的古代高层建筑的代表。

佛塔由印度传入我国后，与中国文化相融合，同时与我国传统的建筑形式相结合，逐渐形成了多种具有鲜明中国特色的古塔建筑形式。纵观古塔的发展史，其主要经历了三国、两汉、魏晋南北朝、隋唐五代和辽、金、元、明、清近两千年的历史，在不同的历史时期古塔的形式各异[3,4]。汉魏初期，塔的样式以方形楼阁式木塔居多，到了北魏中期，随着制砖技术的提高和砖产量的增加，出现了规模宏大的密檐式古塔，如河南登封的嵩岳寺塔；隋唐时期，塔的主要形式分为楼阁式砖塔、密檐塔和亭阁塔三种类型；隋唐之后的宋辽时期，佛塔有了较大的进步，古代工匠们认识到，地震时建筑物会发生应力集中现象，主要部位集中在建筑物的锐角和直角部分，容易被震坏，而钝角或圆角受力均匀，不易破坏，从而在佛塔的建筑平面上出现了六角形、八角形和十边形等样式，其中以八角形最为普遍，这种结构形式不仅建筑外形优美，而且受力合理，对提高塔的刚度和整体性都起到了积极的作用，同时还兼顾到对减小塔身的风荷载的目的，六和塔就是这一时期杰出的代表；金元时期的佛塔继承了宋辽时期的建筑风格，其突出的贡献是开创了藏式喇嘛塔，北京妙应寺白塔就是典型的代表；到了明清两代，密檐式的砖塔已经很少建造，取而代之的是高层楼阁式塔，同时还出现了新的形式——金刚宝塔，陕西泾阳县的崇文塔和北京大正觉寺的金刚宝座塔是这一时期优秀代表[5,6]。我国佛塔的典型代表如图 1-1～图 1-9 所示。

图 1-1　杭州六和塔

图 1-2　北京金刚宝座塔

图 1-3　应县木塔

图 1-4　河南嵩岳寺塔

图 1-5　西安大雁塔

图 1-6　北京妙应寺白塔

图 1-7　陕西泾阳崇文塔

图 1-8　云南崇圣寺塔

图 1-9　河北开元寺塔

随着历史的变迁和社会的发展，古塔已经不再单纯地作为宗教建筑存在，它已成为中华民族特有的高层建筑典范，代表了我国古代高层建筑的最高水平，在世界建筑史上独树一帜；如今坐落在山水园林中的古塔也成为人们游览名胜古迹，了解历史的理想去处；不同年代的古塔建筑反映了当时历史条件下的工艺和科学技术水平，记载了古人的生产生活信息。因此，古塔不仅对研究我国古代建筑发展史具有重要意义，同时，对研究我国古代历史、文化、宗教、政治、艺术以及经济交往等都具有非凡的价值。

1.1.2 国内外古塔研究的现状

古塔属于古建筑的范畴。我国的文明历史悠久，经历了数千年的发展，保存下来许多具有极高历史文物价值的珍贵古建筑。我国独有的中华文明与民族风格使得古建筑从形式、结构、材料及建造技术等方面都充满了独特的东方特色。同时，周边国家也深受中华文明的影响，其古建筑的结构形式多与我国相同，国内外对古建筑的研究也多以我国古建筑结构形式为热点，如日本的伊东忠太和关野，英国的叶慈，德国的艾克和鲍希曼，挪威的尼尔森等[7-10]。其中伊东忠太国外学者中对中国古建筑研究较为深入是学者之一，曾先后多次到我国考察，足迹遍及全国，著有《中国建筑史》等著作。

近代的朱启钤先生等一批爱国人士是我国古建筑研究保护的发起者，他们成立了著名的《中国营造学社》，收集整理了宋《营造法式》、明《园冶》和清《一家言·居室器玩部》等典籍[11]。梁思成编撰了《清式营造则例》，同时，他和刘敦桢先生对我国遗存的古建筑做了大量的现场测绘和调查鉴别工作，将宋《营造法式》与清《工部做法则例》互相比较，并以图解注释的形式对大量的古建筑做出分析解释，为今天的继承和研究保存留下了珍贵的资料。新中国成立以后，大量的古建筑巨著被编纂出版，如由中国科学院自然科学研究所主编的古建筑巨著《中国古代建筑技术史》，梁思成先生多年对《营造法式》的研究成果——《营造法式注释·卷上》，刘致平的《中国古建筑类型及结构》，陈明达的《营造法式大木作》等。

近年来，我国在古塔保护研究领域也有不少研究成果，白晨曦[12]从中国的传统哲学对古建筑的形成和发展等方面的影响来研究古建筑的文化特征；张墨青[13]以巴蜀古塔为研究对象，以中国古塔的发展历史进程为背景，研究了巴蜀古塔历史文化、构造形式、建造技术和特征等方面，引发人们对这些珍贵的建筑遗产更多的关注和保护；戴孝军[14]从我国传统审美的角度对中国古塔进行了全面研究，以此来揭示了中国古塔本身的建筑构造之美。

上述研究成果在我国古塔保护方面已经提出了一些建设性的意见，但是仍主要集中在古塔文化、历史以及宗教艺术等方面；近年来，结构和防灾工程学科的专家对古塔结构抗震保护方面进行了研究工作，但大都是根据数值模拟结果提出抢救性加固方案，而古塔的整体和局部抗震性能与保护理论研究较少，目前还缺乏适用于古塔结构的抗震、抗风的保护方法及针对古塔结构的抗震设防的模糊评判准则的研究，而新材料和结构控制技术的应用更是鲜有报道，加之古塔结构使用的材料特殊，且长期受自然侵蚀，导致其材料强度和耐久性都受到不同程度的削弱，因而古塔结构的损伤检测和灾变保护研究也亟待开展。

综上所述，这些研究成果虽然在一定程度上对我国现阶段古塔的加固修复工作提供了许多借鉴和参考，对古塔的理论分析方面有了很大的推动作用，然而，古塔保护的理论体系仍然缺乏完整性和科学有效性。首先，由于古塔建筑地域性和历史文化差异较大，因此，我国古塔结构的建造材料和构造形式都呈多样化，并且经过多年人为和自然的破坏使得结构内外的损伤积累愈发严重；其次，仅从结构的抗震性能来研究古塔的抗震保护措施也是不全面的，其中涉及诸如考古学、历史学、社会学、结构工程、建筑学等诸多领域，而且还包括材料、结构、力学和计算机交互等学科，从而使古塔结构的抗震保护成为一个多学科交叉的研究课题。由于传统建筑工艺的失传，历史建筑的保护的实际工程中大量使用现代加固方法，从而改变了历史建筑的原始风貌，这种不当的历史建筑保护理念和方法，使很多古塔建筑丧失了其原有的历史文化价值。因此，研究适用于古塔这一特殊历史建筑结构的保护理论和方法，使古塔结构能够重新焕发生机成为众多领域科研工作者的追求目标。

1.1.3 古塔保护研究的意义

我国非常重视古建筑遗迹的保护和修复工作，新中国成立后，在古迹文物保护修复领域也取得了令人瞩目的成就，但仍然缺乏系统的保护理论体系和行之有效的保护技术。我国幅员辽阔，建造古塔结构使用的材料和结构形式各不相同，古代各地工匠的施工技艺也参差不齐，同时经历长期的历史变革，各古塔结构的承载能力显著下降，难以承受或再次承受地震、强风雨等自然灾害的袭击，从而使古塔结构的保护研究工作愈发困难。另一方面，古塔建筑的保护研究是一个涉及多学科、综合性强的交叉学科研究的课题。目前，我国对现存古塔结构的抗震性能和保护技术研究较少，同时缺少科学有效的损伤识别方法，所以各地的古塔保护工作也存在着参差不齐的混乱局面。要想在保留古塔建筑历史文物研究价值的同时，提高古塔结构的抗灾变能力，应在损伤监控识别技术方面有所突破，同时，还必须掌握其抗震保护的机理以及地震作用下的破坏过程。

古塔建筑造型优美，结构形式独特，建造材料多样，具有丰富的历史文化价值和艺术美学意义，是文物学、考古学和建筑历史等学科研究工作者重点研究的内容。然而，古塔建筑建造的年代久远，长期遭受自然灾害和历史战乱破坏，饱经沧桑，大部分古塔结构都已年久失修，破坏非常兖州，有的甚至濒临倒塌毁灭，因此，古塔结构的抗震保护也成为世界各国结构工程学科日益关注的研究课题之一。古塔建筑的保护工作不仅要保证其不因自然和人为因素遭到破坏，延续其生命力，更重要的是要最大限度地保留其蕴含的历史信息和文化价值，使其能够彰显中华民族灿烂的文明。因此，为了保护人类珍贵的历史文化遗产，针对我国现存古塔结构的破坏特点，以"安全为主"、"最小干预"为基本准则，考虑古塔结构的历史文化价值，开展我国现存古塔结构的静/动力灾变机理和保护理论研究，提高其抗灾能力，抢救性的保护一批濒临倒塌的古塔结构，使古塔建筑能够在世界建筑史上流芳百世，是结构工程专业的历史使命。

1.1.4 小雁塔的历史和文物价值

小雁塔现坐落于西安市荐福寺内，又名"荐福寺佛塔"，始建于唐朝景龙年间，即公元 707～709 年，距今已有 1300 多年的历史，最初是用来存放唐代高僧义净从天竺带回来的佛教经卷及佛图等佛教典籍而修建，是唐代京师长安重要的地标性建筑[15,16]。由于唐朝末期战乱不断，荐福寺屡遭破坏，寺院荒废，只有小雁塔得以保存。宋朝政和年间，民间佛教信众对风化严重的小雁塔塔檐、塔角等破损部位进行了修缮；明、清两朝对小雁塔进行过多次修缮，但基本上都保留了先有的格局，明朝成化末年（1478年），西安地区发生地震将小雁塔的塔身震裂，随后的嘉靖年间（1556年）华县大地震将塔顶两层震毁，只剩13层；辛亥革命后，由于西安地区的军阀战乱，荐福寺与小雁塔再次走向衰落；为了维护古建筑的历史风貌，新中国成立后，1965年再次对小雁塔进行了全面的维修与加固，修复后的小雁塔保留了其无塔顶、塔檐及檐角残缺的原状，保持了千年历史的真实原貌[17,18]。

小雁塔的造型与结构是我国早期密檐式塔的代表作品[16]，也是佛塔这一佛教建筑形式传入中原地区最早的珍贵例证之一，在佛教建筑史上具有很高的历史地位；同时小雁塔所在的荐福寺是当年长安三大佛教译场之一，具有极高的宗教地位和历史文化内涵；1961年小雁塔被国务院列为第一批全国重点文物保护单位，表明我国对小雁塔这一历史文化"瑰宝"的高度重视；2014年联合国教科文组织将小雁塔列为"丝绸之路：长安-天山廊道的路网"中重要的世界文化遗产，凸显了小雁塔在古"丝绸之路"沿线国家的历史地位和影响力。

1.2 古塔结构抗震保护研究

1.2.1 地震对古塔造成的危害

地震是地球内部构造运动的产物，具有突发性和毁灭性，强烈地震能在瞬间对地表建筑物造成毁灭性的破坏，严重威胁着人类生命和财产安全。古塔结构虽然能凭借自身合理的受力特点抵抗一定的地震作用，但是由于其建造历史久远，并且经历了无数的自然灾害和人为破坏，古塔结构的承载能力和抗震能力也大大削弱，难以承受较大的地震或强风等自然灾害的袭击。国内外古塔遭受地震破坏的案例比比皆是。

历史上著名的关中大地震（1556年），将原有15层的小雁塔顶部两层震毁，现存13层；在1514年云南大理的地震中，千寻塔塔身被震裂[19]。陕西扶风法门寺塔历史上曾多次遭受地震的袭击，在经历1976年8月16日四川松潘地震后，法门寺塔塔身出现竖向裂缝，而塔体东侧在1981年8月一场大雨中全部坍塌，如图1-10所示。

2008年5月12日发生在我国汶川的8.0级地震造成69000多人死亡，37万人受伤，是新中国成立以来破坏力最大的地震。在遭遇此次特大地震后震中附近多处古塔受到不同程度的破坏甚至倒塌：奎光塔塔体自上而下出现贯通裂缝，将塔体切分为两部分；中江北塔10层以上全部垮塌；盐亭笔塔更是遭到严重破坏，几乎全部坍塌，仅存塔身下部残骸，如图1-11～图1-13所示。

2015年4月25日尼泊尔发生8.1级地震，造成8700多人死亡，20000多人受伤，震中地区大部分建筑完全损毁，包括世界文化遗产和大量的文物古迹，历史文化损失无法估计，如博达哈佛塔，主体建筑顶部开裂，为危险建筑，副塔坍塌；而达拉哈拉塔则完全倒塌，如图1-14和图1-15所示。

(a)　　　　　　　　　(b)　　　　　　　　　(c)

图 1-10　陕西扶风法门寺塔
（a）塔体坍塌正面；（b）塔体坍塌侧面；（c）复原图

图 1-11　奎光塔　　　　图 1-12　中江北塔　　　　图 1-13　盐亭笔塔

(a)　　　　　　　　　　　　　　(b)

图 1-14　博达哈佛塔
（a）地震前；（b）地震后

(a)   (b)

图 1-15   达拉哈拉塔

(a) 地震前；(b) 地震后

在一次次历史事实面前我们认识到，地震灾害不仅给人类的物质财产带来了巨大的损失，同时也会对一个国家的历史文化资源造成毁灭性的打击。对于古塔结构来说，地震对其破坏程度最为严重，是导致古塔结构倒塌的最直接的原因。

1.2.2   古塔结构抗震保护研究现状及存在问题

阎旭[20]等采用有限元程序分析了古塔结构，对古砖塔进行了动力特性的计算分析，得出了结构的自振周期及其相应的空间振型，了解了结构的不利抗震的部位，为古塔进行理论建模分析及计算古塔的抗震能力奠定了基础；陈平等[21,22]运用 ANSYS 对大象寺塔进行了详细的计算与稳定性分析，对古塔结构性能进行综合评判；车爱兰[23]等通过有限元数值计算对应县木塔的动力特性和地震响应进行了研究，提出了木结构古塔健康诊断和维修加固方法；袁建力、姚玲等[24-26]以苏州虎丘塔为研究对象，对模型中的约束和参数进行调整，建立了其计算模型，并对其进行动力响应计算，计算结果对虎丘塔结构可靠性的鉴定提供依据，并更好的了解虎丘塔的破坏状态，同时也给此类古塔的动力研究提供了理论依据；柯吉鹏[27]运用有限元程序分析了泉州开元寺大雄宝殿和西塔等砖石古塔结构，过程中分别建立复杂和简单的的结构模型进行模态分析，虽然结果两者存在一定的差异，但仍在可以接受的范围内；卢俊龙、沈治国等[28-30]通过对兴教寺玄奘塔有限元模型进行分析，得出对砖石古塔结构进行抗震计算的必要性，并基于计算结果提出对古塔加固的建议。

以上研究大多是对古塔结构进行了有限元分析，研究了古塔的动力响应特性，能够在一定程度上反映古塔结构的一些抗震性能，也还有一些结论对古塔结构进行有限元分析有一定的指导作用，但这仅仅停留在理论分析阶段。由于古塔材料的特殊性和本身结构的复杂性，单纯的理论分析难以全面了解整个古塔结构的抗震性能，所以必须将理论和试验相结合，通过对试验的观察和分析来研究古塔结构的动力响应。

李德虎等[31]介绍了砖石古塔动力特性的测试方法及利用脉动法测试了部分塔的动力特性，在计算自振频率时提出了砖石古塔可作为底端固定的悬臂杆考虑，对于分析方法采用离散参数杆模型、连续参数杆模型、壁式框架模型及平面应力有限元法底端固定的离散参数，沿高度等截面悬臂杆模型，探讨了砖石古塔的动力性能。文立华等[32]用地下火箭激振测试方法获得了陕西法王塔较为可靠的前四阶固有频率、振型和阻尼比，然后通过计算比较可知，采用考虑剪切影响的悬臂杆弯剪的古塔模型是合理的；陈平等[33,34]利用脉动法实测部分古塔动力参数并对西安大雁塔和小雁塔抗震的能力进行了探讨研究；李世温等[35-37]对应县木塔进行现场环境振动测试试验，得到了木塔两个方向的前四阶水平振动模态和位移频域传递函数，建立了适合这类结构动态响应的弹性分析方法等；国外的Jaishi. B 等[38]通过对尼泊尔古塔寺庙进行现场环境激振，得到其动力特性并对有限元模型进行验证，然后对其抗震能力进行评估。上述研究大都是利用现场动测得到古塔的动力特性，然后通过计算来分析古塔结构抗震性能，可在一定程度上反映古塔结构的抗震能力，但很难准确模拟古塔结构在地震下的动力响应。

在目前的古塔试验中，结构模型模拟地震的振动台试验是最直接有效的方法，可以直接的反映古塔结构在不同地震波作用下结构的地震响应，可更好地研究结构在地震作用下破坏机理和破坏模式。

李胜才、刘晓莉等[39]以镇国寺白塔为原型，制作了一座 1/40 的缩尺模型，并通过振动台试验研究了镇国寺白塔传统砌体材料的破坏准则，模拟了镇国寺白塔在汶川地震中的破坏演变过程，可是因为模型制作比例较小，相当于实体堆砌，未能体现原型的结构特点；沈远戈[40]制作的小雁塔试验模型采用的石膏整体浇筑，观察了模型在模拟地震作用下的薄弱部位及破坏机制，并分析了模型的地震响应特性，但因材料性能相差大、缩尺比例小、模型质量轻等原因，试验无法反映小雁塔原型结构的抗震性能；朱飞[41]对中华恐龙塔 1/12 模型进行模拟地震振动台试验，对塔结构的动力特性和地震响应进行了系统研究，并给出评价，但是试验对象本身是一个仿古建筑，砌筑方法是现代方法，模型砂浆是水泥砂浆，使模型无法展现古塔的原始风貌；此外，韩国汉城国立大学的 Kwan[42]等对一个五层石塔进行了足尺的模拟地震振动台试验，通过两种方法得到古塔的动力特性和破坏模式，足尺模型虽然较好的反映了原型结构的原始风貌和结构特点，但试验对象的尺寸较小，无法准确反映像小雁塔这类高层古塔建筑的动力特性。赵祥、邹颖娴等[43-46]用SMA 材料对广州光塔结构进行加固，然后对模型结构进行振动台对比试验研究，观察了相应工况的裂缝出现与发展情况以及薄弱部位的变形情况，最后根据试验结果，评判模型结构的地震响应机理和规律，为古塔原型结构抗震保护提供了设计和加固建议。但在试验时模型已经进行了简化成"烟囱"处理，不能准确代表古塔的结构特点，并且在 SMA 加固过程中对塔体外貌有所损坏，不能做到"最小干预"的基本原则。

1.3　结构振动控制在古塔结构抗震保护中的研究

目前，我国对现存古塔结构的抗震性能和保护技术研究较少，同时对损伤识别方法的研究尚处于起步阶段，各地的古塔保护工作水平也参差不齐。古塔结构的保护在保留其历史文物研究价值的同时提高其抗灾变能力，应在针对古塔结构的振动控制技术方面有所突破，同时，还必须掌握其抗震保护的机理以及地震作用下的破坏过程。近年来结构振动控制在土木工程领域应用较多，尤其是利用新材料与现代控制理论结合可对建筑结构起到很好地消能减震作用，同时也为古塔建筑的抗震保护提供了新的途径。

1.3.1　结构振动控制的概念

结构振动控制在土木工程领域的研究和应用已有 30 多年的历史，其主要思想是通过安装在结构上的控制装置与结构协同工作，改变结构的刚度或阻尼，来共同抵抗外界的振动响应，为结构的抗震、抗风设计开辟了新的天地。按控制方式来划分，结构振动控制可分为：被动控制、半主动控制、主动控制和混合控制[47,48]。

主动控制是一种需要实时监测结构响应或环境干扰，且需要外界提供能量来实现对结构施加与振动方向相反的控制力的结构控制方式。它通过实时监测识别系统来收集外部信息，然后利用主动控制算法运算和决策最优控制力，最后由作动器主动输出最优控制力，达到实时跟踪控制结构的振动响应。主动控制可感知结构微小的振动，能实时监控结构的状态，对地震等灾害的控制效果好，已成为国内外学者研究的热点[49,50]。虽然主动控制取得了一些研究成果，但是其控制技术复杂，造价高，更为重要的是需要解决外部提供能量的问题，因而在技术上还不成熟。

半主动控制与结构主动控制的原理基本相同，控制过程同样依赖结构外部环境干扰信息，只是需要较小的外界能量就能巧妙实现改变结构的刚度或阻尼的效果，以此来减小结构的振动响应。这种新型的控制方式还处在发展阶段，仍需更深入地研究[51-53]。

混合控制是近年来新发展起来的一种控制方式，其控制思路是将主动控制和被动控制集成在一个建筑结构中，使两种不同的控制形式协调工作，减小外界输入能量的同时来提高控制系统的稳定性，从而达到理想的控制效果，拥有良好的应用价值和工程前景[54,55]。目前，混合控制的研究还处于初步阶段，但应用前景广阔。

结构被动控制是在结构中设置独立于结构体系的耗能元件，当结构发生振动时，通过耗能元件来消耗外界振动给结构带来的不利影响，从而达到减震的目的[56]。由于被动控制不需要外界提供能量，且控制原理清晰、设计简单、造价低及易维护等特点，在工程结构控制中被较多使用。工程结构的被动控制主要包括隔震结构体系、耗能减震体系和被动调谐减震体系。

隔震结构体系根据隔震层位置的不同主要分为基础隔震和层间隔震，其二者隔震原理相同，都是在建筑物的基础或层间设置某种隔震装置来隔离地震或者其他振动能量向上部结构的传递，达到减小结构地震响应的目的。目前研究和开发隔震装置的方案很多[57]，如图 1-16 所示。但为了使隔震结构具有优良的抗震减震性能，隔震装置的研发都需满足一些共同的要求：（1）具有可靠的稳定性和耐久性；（2）能够有效支撑工程结构，即使隔震装置发生较大变形依然能够正常工作而不发生失稳破坏；（3）具有合适的水平刚度，可以有效地减小地震能量向上部结构的传递；（4）具有一定的水平弹性恢复力，地震中可瞬时自动复位，地震结束后上部结构也可恢复初始状态，满足震后正常使用；（5）具有足够的阻尼耗能性能，使荷载—位移曲线有较大包络面积，具有较好的耗能能力。

耗能减震的原理是把结构物中的某些非承重构件设计成耗能部件，或者在结构的某些部位设置耗能减震装置或阻尼器，当出现大风或地震时，随着结构地震响应的增大，耗能装置首先进入非弹性状态，产生较大的阻尼，大量吸收和耗散结构中的输入能量减小结构

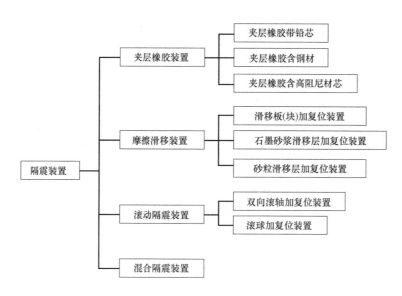

图 1-16　隔震装置分类

地震响应[58,59]。目前，耗能减震装置和阻尼器的种类较多，如图 1-17 所示。其中以耗能阻尼器的研究居多，主要有粘弹性阻尼器、摩擦阻尼器、黏滞阻尼器、金属消能器和复合阻尼器等形式[60]。冲击减震技术也属于耗能减震研究的范畴，它是依靠附加活动质量与结构之间的非完全弹性来达到交换动量和耗散动能的目的，从而减小结构振动响应，减震效果十分明显。

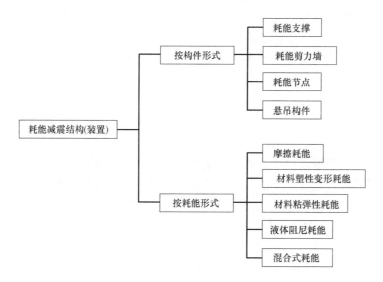

图 1-17　耗能结构（装置）分类

　　结构被动调谐减震体系是通过调整附加子结构的自振频率，使其尽量接近主结构的基本频率或者激振频率，当主结构受到激励产生振动时，子结构会产生一个与主结构振动方向相反的惯性力，从而减小主结构的振动响应[61-63]。由于调谐减震控制体系在结构中一次性安装，不需要调换，施工简单，工程造价低，即可用于新建结构的减震控制，也能结合抗震加固改造对既有结构进行抗震控制，因此工程中研究应用较多，主要有被动调谐质量阻尼器和被动调谐液体阻尼器。

1.3.2　悬摆减震体系在结构消能减震中的应用

悬摆减震体系是一种基于被动控制原理的结构减震体系，其工作原理是：当结构因外部激励产生振动响应时，结构振动带动悬摆质量振子摆动，质量振子的摆动又反馈给结构一个控制力，从而达到减震的效果[64-66]。由于悬摆减震体系的设计原理简单，便于结构集成且减震效果好等诸多优点，国内外众多学者进行了大量研究[67,68]。20 世纪 70 年代，B. J. Goodno 等[69,70]将建筑结构的核心筒、悬索、减震构件等作为建筑的子结构，进行了有限元分析，提出了悬挂结构动力分析计算模型。Gerges 等[71]利用钢索和弹簧开发了一种悬摆式调谐质量阻尼器，并对其进行了试验研究，结果表明钢索弹簧可代替调谐质量阻尼器中的弹簧和阻尼器，且能降低制作成本。

国内研究悬摆减震系统的起步较晚，20 世纪 90 年代初，国内专家学者才开始进行悬摆减震体系的研究。李宏男、侯洁等[72,73]提出了利用悬吊质量摆减小结构振动的方法，提出了悬摆体系的运动方程，研究了体系的参数变化对参数优化的影响，重点研究了悬摆减震体系对高层建筑的减震作用，首次提出利用悬吊质量摆减小高层建筑多个振型反应的方法，利用实际地震动记录进行了大量的数值计算，得出了一些对工程应用有参考价值的结果，为悬摆减震体系的研究奠定了基础。

秦丽[74]等针对河南艺术中心标志塔设计了万向摩擦式悬摆调谐质量阻尼器，并进行了试验性能测试及振动控制的线性和非线性分析，结果表明：使用该调谐质量阻尼器可对标志塔各个方向的振动起到控制作用，而且避免了质量块的扭转和抖动；地震作用下，结构的位移响应主要包含结构第一模态对应的频率，而加速度响应则包含高阶频率分量，控制高阶频率振动对结构加速度响应的降低更为明显。侯洁等[75]研究了悬吊质量摆大幅度几何非线性对高层结构的动力响应的影响，提出了在非线性情况下悬吊质量摆和结构动力响应的精确算法；同时结合虚拟激励法和等效线性化方法，对非线性精确算法进行简化并求解，提出了考虑加速度影响的非线性悬吊质量摆的运动方程，并通过等效线性和非线性的对比，验证了等效线性化算法的正确性。

此外，为了提高调谐质量阻尼器的控制效果，专家学者提出了使用多个不同动力性能的调谐质量阻尼器来抑制结构振动的新思想，即多重调谐质量阻尼器[76,77]。Igusa 和 Xu[78-81]基于渐近分析技术导出了多重调谐质量器等效阻尼比简化计算公式及其阻抗的简单解析表达式；Yamaguchi 和 Harnpornchai[82]研究了相同质量比和阻尼比的多重调谐质量阻尼器受简谐振动激励的结构振动控制问题，给出了多重调谐质量阻尼器振动控制的机理。

涂文戈等[83]研究了多重调谐质量阻尼器减振对建筑结构多模态的控制。并将主结构简化为多自由度模型，将多重调谐质量阻尼器对结构的反力与地震荷载共同作为结构的荷载输入进行分析；基于主结构多模态耦合进行推导分析，阐述了多重调谐质量阻尼器与结构之间的相互作用关系，提出其复惯性质量。黄炜[84]等研究了新型围护墙减震结构的减震性能，使多重调谐质量阻尼器更好的应用于结构设计，结合多重调谐质量阻尼器体系的参数优化设计方法、减震原理，对钢框架结构系统的减震参数进行分析，结果表明：围护墙减震结构体系的多重调谐质量阻尼器钢框架具有显著的减震效果，模态分析结果显示各阶振动周期相应增大 2～3 倍，减震效果一般在 5％～40％ 之间。周瑄毅等[85]研究了大跨度屋盖结构在风荷载作用下多重调谐质量阻尼器的最优控制性能，明确了调谐质量阻尼器中的弹簧约束条件及其优化目标函数，利用基因遗传算法对该控制系统进行了最优化参数分析，分析结果表明：优化的多重质量调谐阻尼器控制系统具有良好的减振性能和较好的鲁棒性，弹簧约束条件对多重调谐质量阻尼器最优化结果的影响较大，调谐质量阻尼器控制系统需要降低其最优减振性能来满足弹簧约束条件。张珺丽等[86]对多重调谐质量阻尼器进行了研究，进行了实际模型与控制模型的模拟计算，分析该装置在罕遇地震下对主体结构所产生的减震效果，结果表明：多重调谐质量阻尼器减震效果比普通调谐质量阻尼器提高 30％ 以上，且控制频带更宽，尤其是对高阶振型控制效果良好。

由于悬吊质量摆在建筑结构中的减震研究相对比较成熟，且已有工程应用。如：台湾 101 大厦，为了抵制高空强风及吹拂造成的摇晃，在 92 楼挂置一个重达 660t 的钢球，来控制高空强风及地震对结构的振动响应；即将建成的中国第一高楼——上海中心大厦，在其内部的 126 层设置了重达 1000t 的目前世界上最重的摆式阻尼质量块。从上述实例可以看出，悬摆减震体系安装便捷，易于集成且减震效果显著，因此将悬摆减震体系应用到古塔结构的消能减震控制中是可行的。

1.3.3　SMA 在结构减震中的研究、应用与发展

形状记忆合金（ShapeMemoryAlloy，简称 SMA）材料是一种性能优良的智能金属感知、驱动材料。形状记忆效应最早是 1932 年美国学者 A. Olander 在 Aucd 合金中发现的，随后其他学者相继在 CuZn、InTi 等合金中发现了同样的可逆相变，但这些发现在当时都没有引起足够的重视。直到 1963 年，美国海军武器试验室的 Buchier 和 Gilfric 在近等原子比 Ti-Ni 合金中发现了良好的形状记忆效应后，形状记忆合金的研究和应用才引起人们广泛的关注，正是这一发现拉开了世界范围内对形状记忆合金研究和开发的热潮[87-90]。最近几年，SMA 在各领域的实际工程中得到越来越广泛的应用，其主要原因是 SMA 具有形状记忆效应和超弹性这两个独特的性能，此外高阻尼、耐疲劳、抗腐蚀等良好性能，为其在土木工程领域的应用创造了更优越的条件[91-93]。

由于 SMA 的形状记忆效应和超弹性性能的本构模型涉及力学、热力学和相变学等方面，因此很难建立 SMA 的本构模型[94-96]。但 20 世纪 70 年代末期，Muller[97]建立了简单的一维本构模型，使 SMA 的理论有了较快的发展。随后，Tanaka[98]在 Muller 研究基础上建立了可描述 SMA 形状记忆效应和超弹性性能的基于内变量的一维本构模型；Liang 和 Rogers[99,100]在 20 世纪 90 年代，总结了前人的研究，在 Tanaka 模型的基础上，假设 SMA 的应力与相变速率等条件无关，从而得到了采用马氏体体积百分数作为内变量的简化一维模型，为 SMA 的应用提供了理论基础。

目前，土木工程领域主要利用 SMA 的超弹性性能，将其制成各种被动耗能阻尼器或耗能隔震器设置在结构中，利用 SMA 的超弹性性能吸收和耗散结构的振动能量，降低结构的振动响应[101,102]。Corbi[103]等比较了 SMA 拉索和弹塑性拉索对单层框架结构弹塑性振动响应的控制效果，指出 SMA 拉索在抑制结构振动的同时赋予了结构良好的复位功能，并将 SMA 支撑布置在多层框架结构的底层作为隔震系统，亦取得良好的减震效果。

Witting 等[104]利用形状记忆合金开发了一种扭转变形阻尼器，对该阻尼器进行了性能试验，并对一安装有该阻尼器的五层结构模型进行了振动台试验，结果表明：虽然该阻尼器为结构提供的附加阻尼小于粘弹性阻尼器，但是其可有效地减小模型结构在不同地震作用下的响应。

近年来，国内学者也对形状记忆合金的应用进行了大量的理论和试验研究。王社良等[105]对形状记忆合金材料基本性能进行了试验研究，提出了形状记忆合金的相变伪弹性恢复力模型，并以此为基础研究了形状记忆合金减振控制系统的动力响应问题。此外，王社良等[106]还提出了装有形状记忆合金的被动拉索控制系统，利用其独特的相变伪弹性性能被动控制建筑结构地震响应，并对该系统进行了试验研究，试验中将预应力概念和SMA 材料的相变伪弹性性能相结合，对 SMA 拉索进行预拉处理，以避免拉索在结构地震响应过程中松弛失效；通过对一个三层框架进行地震响应下的有控结构与无控结构对比分析，检验了 SMA 被动拉索的控制效果，讨论了其控制机理和规律；研究结果表明，SMA 被动拉索可以有效地减小和抑制结构的地震响应，同时提出拉索的初始工作长度和工作温度对控制效果影响明显，故应进行合理的参数设计。李惠、毛晨曦等[107-110]研制了具有自复位功能的拉伸型和剪切型两种 SMA 阻尼器，将其运用于空间模型结构的减震中，分析比较了两种阻尼器的减震效果。任文杰[111]设计并制作了一种兼有耗能和复位功能的新型 SMA 阻尼器，并对该阻尼器控制下的对称结构弹塑性地震时程响应及其能量分析进行研究。倪立峰，李爱群等[112]讨论了 SMA 消能器的工作原理，并设计和制作了一种用于框架结构振动控制的 SMA 阻尼器，通过振动台试验表明该阻尼器消能效果明显，并可以显著改变框架结构的固有频率。

1.3.4 古塔结构振动控制研究

在古建筑的加固修复方面，国内外学者也有探索与尝试。如意大利的 Trignano 地区的 St. George 教堂在 1996 年的地震中其钟塔遭受严重的损坏，为了防止钟塔的再次破坏，M. Indirli 等[113]利用 SMA 的超弹性性能制成了一种 SMA 阻尼耗能装置，并在地震破坏的 Giorgio 教堂的钟塔内设置四组装有 SMA 阻尼耗能装置的预应力钢筋，以确保钟塔的稳定。在随后的 2000 年该地再次发生地震，经加固后的钟塔安然无恙，经受了实际地震的检验。同时，利用 SMA 阻尼耗能装置对钟塔加固的结构体积小，未对 St. George 教堂造成损伤，最大程度地保留了该古建筑的原貌。

国内利用 SMA 加固实际结构工程的案例很少，而用于古建筑的加固还未有先例，仅停留在试验研究阶段。赵祥等[114,115]针对古塔可能遭受地震破坏的形式，设计了一种新型记忆合金阻尼器，并对其进行了性能试验；之后，以广州怀圣寺光塔为原型制作了一个光塔缩尺模型，将该阻尼器安装在模型结构上进行振动台试验，研究 SMA 阻尼器减震效果及对结构动力特性的影响，结果表明：该 SMA 阻尼器对光塔主塔顶部和小塔顶部减震效果明显，说明了 SMA 阻尼器可提高光塔的抗震能力。但是该研究将 SMA 阻尼器安装在古塔结构的外部，且用钢索从塔底拉至塔顶与阻尼器连接，这样的布置方式严重影响了古建筑结构的外观，仍需要进一步地改进。

总体来看，国内外学者对 SMA 的研究利用主要集中在阻尼器的研发上，应用到实际结构工程的还很少，而将 SMA 阻尼耗能装置应用到古建筑保护中更是鲜有研究。因此，将 SMA 这种智能材料的高阻尼和超弹性应用到古建筑的保护工作中，使其既能满足古建筑的加固要求，提高古建筑的抗震性能，同时还能最大限度地保留古建筑的历史风貌，是具有现实意义和值得深入研究的课题。

1.4　本书主要工作

1.4.1　研究目的

古塔结构属于历史建筑范畴，对它的减震保护要求不同于现代建筑，应考虑保留其历史原貌，尊重现存状况，不破坏艺术价值，保护可逆等方面的因素。然而传统的建筑结构抗震保护方法如增大截面、设置梁柱、外包钢材等都是"粗犷式"方法，往往需要对原结构进行较大的改变，破坏原貌。因此，传统的抗震保护方法不适用于古塔结构的保护。建筑结构振动控制的发展为结构的减震保护提供了新的途径，根据古塔结构的特点，利用 SMA 材料良好的性能研发减震控制装置，并将其集成于古塔结构内部，使其耗散地震能量，该方法对古塔结构破坏小，不影响古塔的正常使用，可最大程度保留古塔结构的历史和艺术价值。然而，目前多数应用主要集中在桥梁工程和普通房屋结构中，而在古塔结构中的应用还少见报道。

为此，本书依据古建筑保护修复的基本原则，通过对西安小雁塔进行现场勘查及分析现有历史数据资料，以全面掌握小雁塔结构的受力和变形特点；研制了一种适用于小雁塔结构特点的 SMA 复合悬摆减震系统，并将其安装在小雁塔内部结构的特殊位置，发挥其消能减震的作用，同时兼有增强结构整体性的效果，从而有效提高小雁塔的抗震性能，使之能够长久保存。

1.4.2　本书的主要工作

为了研究适合小雁塔结构抗震保护特点，同时可以最大限度保护其历史风貌的新型减震系统，本书利用 SMA 材料的超弹性性能与悬摆减震体系相结合，研发了适合小雁塔结构的 SMA 复合悬摆减震系统，探讨了基于该减震系统的小雁塔结构消能减震保护的理论和方法。主要工作如下：

（1）小雁塔结构现场调查与抗震性能评估

通过对小雁塔结构的历史及工程现状进行全面现场调查，深入了解小雁塔经多次修复加固后的现存结构构造形式、材料组成、力学性能以及目前存在的损伤等问题；同时，对小雁塔结构进行了动力性能测试，获得小雁塔准确的模态识别参数，通过频谱分析得到小雁塔结构的自振频率、周期、阻尼和振型等动力特性参数；最后，根据小雁塔结构的实际情况，采用有限元分析方法对小雁塔的动力特性及不同强度等级地震下的动力响应进行分析，并利用极限位移与极限承载力联合的方法来对小雁塔的抗震性能进行评估。

（2）SMA 材性试验和本构关系研究

通过对 SMA 丝材的力学性能试验，研究加载速率、应变幅值、循环次数等因素对其超弹性的影响，提出一种便于计算的简化四折线本构模型；同时，以材性试验数据作为训练样本，建立基于遗传算法优化神经网络中神经元权/阈值的 SMA 本构模型，以寻求精度较高且适用于计算机计算的本构模型，为后续研发适用于小雁塔结构的 SMA 复合悬摆减震系统提供基础。

（3）SMA 复合悬摆减震系统的设计及有效性分析

根据小雁塔结构的特点，利用悬摆减震原理并与 SMA 材料相结合研发设计一种方便集成且不影响小雁塔历史原貌的 SMA 复合悬摆减震系统，通过该系统的振动台试验，利用相位原理对 SMA 复合悬摆减震系统进行有效性分析。

（4）SMA 复合悬摆减震系统的优化设计

以多自由度体系的模态分析为基础，将小雁塔结构解耦为多个单自由度体系，将模态质量和模态刚度等参数转换成等效质量和等效刚度，在物理坐标中建立非耦联模型，利用定点理论，实现 SMA 复合悬摆减震系统的最优控制。

（5）小雁塔模型结构振动台试验

根据现场调查资料，选取与小雁塔原型结构材料相似的砌体材料，对其进行受压及受剪等力学性能试验，最大限度的反映原型的受力情况；设计制作墙体试件，通过低周反复荷载试验，研究砖石古塔砌体结构破坏形态与位移角关系，寻找砖石古塔结构位移角限值建议区间；设计并制作 1/10 的小雁塔模型结构，并对其进行设置和未设置 SMA 复合悬摆减震系统的模拟地震振动台试验，了解该减震系统对小雁塔模型结构的减震效果、结构动力特性的影响以及 SMA 丝不同预应变对其动力响应的影响。

（6）设置 SMA 复合悬摆减震系统的小雁塔结构动力仿真分析

以小雁塔模型结构振动台试验为基础，结合原型结构现状，利用 Simulink 建立小雁塔结构在设置 SMA 复合悬摆减震系统下的仿真模型，对小雁塔模型结构进行地震作用下的仿真分析，并将此方法应用到小雁塔原型结构的动力响应分析，对比研究小雁塔原型结构在不同强度等级的地震波作用下 SMA 复合悬摆减震系统的消能减震效果，为 SMA 复合悬摆减震系统在小雁塔原型结构减震保护中的应用提供必要的理论建议和技术参考。

（7）设置 SMA 复合悬摆减震系统的小雁塔结构工程应用优化建议

根据小雁塔原型结构的模态振型，应用定点控制原理，提出小雁塔现有原型结构的 SMA 复合悬摆减震系统的优化方案，进行仿真分析，并与未优化的方案效果进行对比研究，从而给出小雁塔结构在未来减震保护过程中设置 SMA 复合悬摆减震系统建议，同时提出实际工程中设置 SMA 复合悬摆减震系统的优化步骤，为 SMA 复合悬摆减震系统在其他相似类型古塔保护中的应用提供参考。

第 2 章　西安小雁塔现场调查与抗震性能评估

2.1　概述

西安小雁塔属于历史建筑范畴，是我国密檐式古塔结构的典型代表，具有极高的历史文化价值。然而小雁塔饱经历史沧桑及自然灾害的侵袭，结构内部存在不同程度的损伤。同时，历史上各朝代均对小雁塔进行了不同程度上的修缮，使其与初始建造状态有较大的差别。本章对小雁塔结构的外观、裂缝及残损情况进行了调查研究，分析西安博物院关于小雁塔修缮的历史档案，全面了解小雁塔内部结构的现状；同时，对小雁塔结构进行现场回弹、灰浆贯入及动力测试等工作，采集小雁塔的砖砌块和砌筑灰浆数据，估算其强度；通过动力特性现场测试，研究小雁塔结构动力特性真实资料，为深入研究小雁塔结构振动特性的研究提供基础；根据现场调查与测试结果，对小雁塔结构的现状进行了抗震性能评估，为后续模型试验研究提供依据。

2.2　小雁塔的现场调查

2.2.1　抗震性能现场调查目的和内容

历史上小雁塔曾遭受两次大地震的袭击，常年地风雨侵蚀和战乱破坏，导致了小雁塔结构在新中国成立初期的破坏已经非常严重，因此，1965 年国家对小雁塔进行了全面的修葺工作。修整后小雁塔结构的整体性和安全性都有所改善，为了更好地研究小雁塔结构的现状，保护小雁塔这一重要的历史文化古迹，应对其抗震性能进行全面的现场调查。本书以现场原位测试全面调查小雁塔结构最真实的现状，获得小雁塔结构的材料性能、承载能力和动力学特性等基础资料，为小雁塔结构在地震作用下的地震响应分析、地震损坏情况、保护方案以及模型试验设计分析等提供依据。主要进行了如下现场调查与测试工作：

（1）调研、收集资料。通过文物保护部门，详细分析小雁塔的历史和修整情况，收集小雁塔结构的实测资料、修缮图纸及说明、各种观测记录和工程地质等资料，并进行科学的修正和补充测绘，确定小雁塔结构的力学模型。

（2）塔身损伤情况调查。通过现场原位检测，掌握小雁塔结构目前的残损、裂缝、内部缺陷、不均匀沉陷和抗震薄弱部位等，为全面研究小雁塔结构抗震性能提供依据。

（3）塔身建筑材料的强度测试。根据文献记载，修筑小雁塔所用主要材料为黄土烧结砖，胶结材料为橙黄泥、生石灰以及糯米浆配制而成，由于年代久远，其材料的强度需通过现场测试确定。

（4）小雁塔结构动力学特性现场测试。通过现场实测，对小雁塔结构的固有振动频率、周期、振型和阻尼等动力学特性进行研究。

2.2.2 小雁塔结构特征

小雁塔为唐代密檐砖佛塔，由塔基、塔身和塔顶三部分组成，原有 15 层，塔顶由圆形刹座、两重相轮和宝瓶形刹顶三部分组成，现保留 13 层，高 43.38m。小雁塔塔基为方形高台，砖表土心，高 3.2m，底边长 23.38m；下有砖砌地宫，地宫由前室、甬道和后室三部分组成，室顶为穹窿式。基座地面以下为唐代夯土基础，分布于基座周围 30m，靠近基座的夯土深约 2.35～3.60m，远处夯土较浅，深约 1.40～1.70m。塔身平面呈方形，底边长 11.38m，塔身略呈梭形，青砖砌成，单壁中空，内壁有登塔砖砌蹬道。二层以上均逐层递减，高度从 3.76m 至顶层不足 1m，愈上愈促，每层叠涩出檐，檐下砌有 1～2 层菱角牙砖，整体轮廓呈自然圆和的卷杀曲线，外形十分优美，如图 2-1 所示，小雁塔结构主要尺寸见表 2-1。

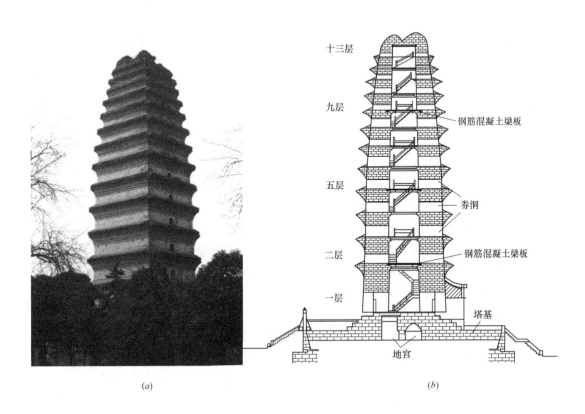

图 2-1 西安小雁塔

（a）小雁塔外貌；（b）小雁塔结构剖面

小雁塔主要尺寸（m）　　　　　　　　表 2-1

层数	边长	层间边长差	层高	墙厚	券高	券洞宽
1	11.38	—	6.84	3.57	2.68	1.77
2	10.68	0.7	3.75	3.38	1.45	0.968
3	10.56	0.12	3.43	3.28	1.40	0.942
4	10.41	0.15	3.34	3.20	1.36	0.882
5	10.32	0.09	3.09	3.10	1.22	0.756
6	10.00	0.32	2.91	3.00	1.20	0.733
7	9.64	0.36	2.62	2.85	0.85	0.655
8	9.13	0.51	2.47	2.78	0.80	0.614
9	8.62	0.51	2.28	2.50	0.80	0.59
10	8.04	0.58	1.98	2.26	0.60	0.537
11	7.64	0.40	1.60	2.20	0.40	0.488
12	7.18	0.46	1.54	1.94	0.37	0.406
13	6.53	0.56	1.45	1.82	0.37	0.36
14	6.18	0.35	—	—	—	—

2.2.3　小雁塔结构修整说明

由于小雁塔建造的年代久远，饱经沧桑，长期遭受自然灾害和人为破坏。尤其是历史上的两次大地震使得小雁塔塔顶震落，砖块松动，时有下坠感，塔身多处开裂，外貌残缺不整，檐角经历风雨剥蚀，逐渐脱落，整体结构受到严重的破坏。因此，1965 年西安市文物部门对小雁塔进行了全面的勘查和修整，主要包括：基座部分、塔身裂缝及塔檐部分、楼板部分、塔顶部分及腰箍部分等。

（1）基座部分：基座四周的塔基（包括青石下部）加以清理，活动砖块均予清除，已被挖取和破坏的部分全部铺砌复原；原有基座四周的青石添铺完整，基座墙拆除后改用新砖砌于青石之上；原有小青砖地面换铺方砖，加做 3∶7 灰土垫层 30cm，砖踏步随基座墙外移重砌。

（2）塔身裂缝及塔檐部分：塔身裂缝内部及洞门拱券上部，砌体松动部分砌实，裂缝及拱券表面用定制规格相同的砖加工补平；塔檐部分将表面活动砖块修建稳固，残缺处修补整齐，使其免受风雨剥蚀而继续脱落，檐角部分按残缺程度不同予以修补，保持塔檐曲线，残缺外貌，以与塔顶现状协调。

（3）梁、板部分：为了提高塔身的整体性，在第二、五、九层处作钢筋混凝土梁、板，以增强塔身刚度（图 2-1b）；钢筋混凝土楼板上铺木隔栅、木楼板，其余各层均在木梁上铺木楼板；九层以上因层高较低，每两层作一层楼板。

（4）塔顶部分：鉴于目前尚无可靠资料依据，未作塔顶；为防止雨雪渗入塔身内部，在顶部十三层处做钢筋混凝土梁、板，加钢丝网防水砂浆面层，东南角预留检查孔便于上下；板顶上部的砖砌体有倒塌危险的部分拆除重砌，保持原有轮廓及砖块牢固。

（5）腰箍部分：修整过程中在各层塔檐上部沿塔身周长设置角钢板箍，以增强塔身抗震性能，由于设置钢板箍而对塔檐及洞门两侧的砖需要拆砌时，应按原状复原。

2.2.4　小雁塔的残损情况

通过现场调查发现小雁塔的塔基和基础经过上次修整后均较稳定，未发现有明显的基础沉陷和塔身倾斜现象，主要存在的问题如下：

（1）塔身开裂：现场调查表明，小雁塔塔身外墙有较明显的裂缝，以竖向裂缝为主，沿塔身竖向可长达 2～5m，宽度达 3～6mm；从所发现的裂缝来看，以变形裂缝居多，近期产生的新裂缝较少。此外，塔体外部多处风化较严重，塔体砖手捏易碎，如图 2-2 所示。

(a)   (b)

图 2-2　塔身裂缝及风化情况
（a）塔身裂缝；（b）塔体风化

（2）内部墙体损伤：调查发现，小雁塔内部结构存在较多处表面砌体脱落，灰缝严重不饱满等现象，塔体内部有大量的干粉状黄土裸露；同时塔体内部每层均有历史改造遗留的多处孔洞，塔体内部损伤严重，如图 2-3 所示。

图 2-3　塔体内部损伤
（a）不饱满灰缝；（b）裸露的黄土；（c）砖块残损；（d）墙体孔洞

（3）券洞处裂缝：调查发现，小雁塔内券洞处存在较多裂缝，裂缝一般分布在券洞上方，以竖向裂缝居多；同时内墙可见明显的渗水后留下的白色印记，说明某些裂缝为塔体内外贯通裂缝。如图 2-4 所示。

(a) (b)

图 2-4 券洞处裂缝
（a）券洞裂缝；（b）券洞裂缝

2.2.5 小雁塔砌体材料及砂浆的强度

由于小雁塔建造年代久远，建造时砌体材料和胶结材料的原始资料不足，对其建造材料的强度、弹性模量等力学性能指标没有详细记载，同时考虑古建筑保护的特殊性，不能将其原始材料拆除进行试验，因此本书主要采用砖回弹仪和砂浆贯入仪分别测试小雁塔砌体和砌筑材料的强度，最后通过计算得到其力学性能指标。

（1）塔身砖强度的评定

本次测试采用 ZC4 型砖回弹仪，参考《回弹仪评定烧结普通砖标号的方法》（JC/T 796—2013）[116] 在小雁塔内部的每一层处选择 10 个砖样，每个砖样选择 10 个测点进行回弹测试。测试过程中回弹仪轴线始终垂直于砖样面，缓慢均匀施压，每一测点弹击一次，弹击后读取回弹值并记录，如图 2-5 所示。单块砖样平均回弹值和各层墙体回弹值按式（2-1）和式（2-2）计算，计算结果见表 2-2。

$$\overline{N}_j = \frac{1}{10}\sum_{i=1}^{10} N_i \qquad (2\text{-}1)$$

式中 $\overline{N}_j$——第 j 块样砖的平均回弹值（$j=1$，2，…，10）精确至 0.1；
　　　N_i——第 i 个测点回弹值。

$$\overline{N} = \frac{1}{10}\sum_{j=1}^{10} \overline{N}_j \qquad (2\text{-}2)$$

式中 $\overline{N}$——每层 10 块样砖的平均回弹值，精确至 0.1；
　　　$\overline{N}_j$——第 j 块样砖的平均回弹值。

表 2-2

小雁塔墙体回弹值

位置	测点										均值 $\overline{N}$	最小值 $N_{j\min}$
	1	2	3	4	5	6	7	8	9	10		
1 层	33.1	34.4	29.4	30.9	31.2	24.1	33.3	32.8	31.5	32.6	31.3	24.1

位置	测点										均值 N	最小值 N_{imin}
	1	2	3	4	5	6	7	8	9	10		
2层	30.1	28.9	29.4	23.8	30.7	30.4	30.3	29.6	29.6	31.5	29.4	23.8
3层	32.2	33.6	31.5	33.6	29.4	33.7	35.5	33.9	34.3	27.3	32.5	27.3
4层	29.7	30.4	29.2	32.1	30.8	30.3	33.3	26.7	32.5	31.4	30.6	26.7
5层	32.6	31.9	32.5	33.6	29.7	25.1	29.3	31.6	33.2	34.8	31.4	25.1
6层	24.4	33.9	30.8	34.7	30.2	35.1	28.3	30.4	29.6	33.5	31.1	24.4
7层	28.4	30.6	25.3	29.2	31.4	32.2	28.7	29.3	29.6	30.7	29.5	25.3
8层	27.8	28.5	29.3	30.4	32.5	31.1	24.6	30.0	30.6	28.5	29.3	24.6
9层	31.6	30.5	31.2	23.8	29.4	32.6	31.3	32.3	31.9	32.1	30.7	23.8
10层	27.5	26.4	29.1	23.8	30.6	28.6	31.3	30.8	29.1	30.7	28.8	23.2
11层	29.7	30.3	32.1	30.6	29.5	27.9	29.5	29.4	31.8	25.1	29.6	25.1
12层	30.1	31.9	30.5	31.4	31.7	25.5	30.8	32.5	29.8	31.6	30.7	25.5
13层	29.6	23.8	30.1	30.3	31.4	30.8	28.5	29.1	30.2	28.3	29.2	23.8

　　按照《回弹仪评定烧结普通砖标号的方法》（JC/T 796—2013）中砖标准值的计算方法为式（2-3）和式（2-4），计算结果见表2-3。

$$\overline{N}_f = \overline{N} - 1.8 S_f \tag{2-3}$$

$$S_f = \sqrt{\frac{1}{9} \sum_{j=1}^{10} (\overline{N}_j - \overline{N})^2} \tag{2-4}$$

式中　$\overline{N}_f$——各层砖样回弹标准值，精确至0.1；

　　　　S_f——各层砖样平均回弹值的标准差，精确至0.01。

小雁塔墙体砖强度标准值 表2-3

测试部位	标准差 S_f	标准值 $\overline{N}_f$
1层	2.9	26.1
2层	2.1	25.7
3层	2.5	28.0
4层	1.9	27.2
5层	2.8	26.4
6层	3.3	25.1
7层	1.9	26.0
8层	2.1	25.4
9层	2.6	26.0
10层	2.4	24.6
11层	2.0	26.0
12层	2.0	27.1
13层	2.1	25.4

《回弹仪评定烧结普通砖标号的方法》（JCT 796—2013）中砖强度等级对照表，见表 2-4，确定小雁塔砌块材料的强度等级为 MU10。

砖强度等级对照表　　　　　　　　　　　　　　表 2-4

强度等级	10 块砖样平均回弹值 $\overline{N} \geqslant$	$S_f \leqslant 3.0$	$S_f \geqslant 3.0$
		10 块砖样回弹标准值 $\overline{N_f} \geqslant$	单块最小平均回弹值 $N_{jmin} \geqslant$
MU30	47.5	42.5	43.5
MU25	43.5	38.5	39.5
MU20	39.0	34.0	35.0
MU15	34.0	29.5	30.5
MU10	28.0	23.5	24.5

注：S_f 为 10 块砖样平均回弹值的标准差。

（2）砂浆强度等级

本次测试调查采用 SJY800B 型砂浆贯入仪，参考《贯入法检测砌筑砂浆抗压强度技术规程》（JGJ/T 136—2017）[117]在小雁塔内部的每一层处选择 16 个点，测点均匀分布在水平灰缝上，两点之间不小于 240mm，每条灰缝测点不宜多于 2 点，进行砂浆贯入测试，如图 2-6 所示，计算得到小雁塔结构的砂浆强度，见表 2-5。

小雁塔砂浆强度等级　　　　　　　　　　　　表 2-5

测试部位	平均贯入深度（mm）	换算值（MPa）
1 层	11.6	0.8
2 层	12.2	0.7
3 层	13.1	0.6
4 层	13.5	0.6
5 层	12.4	0.7
6 层	15.1	0.4
7 层	14.2	0.5
8 层	14.7	0.5
9 层	13.9	0.5
10 层	14.3	0.5
11 层	14.7	0.5
12 层	15.1	0.4
13 层	14.8	0.5

由表 2-4 可知小雁塔砂浆平均强度只有 0.55MPa，建议取砂浆最低强度等级—M0.4。由上述现场调查结果，根据《砌体结构设计规范》（GB 50003—2011）[118]可取小雁塔砌体抗压强度设计值为 0.7MPa。小雁塔结构砌体的弹性模量可根据文献 [113] 的计算公式得到：

$$E = 370 f_m \sqrt{f_m} \text{ 或 } E = 1200 f \sqrt{f} \tag{2-5}$$

式中　E——砌体弹性模量；

　　　f_m——强度平均值；

　　　f——强度设计值，其中单位均为 MPa。

图 2-5 砖回弹测试图   图 2-6 砂浆贯入测试

2.3 小雁塔的动力特性

一般情况下，建筑结构的动力特性测试有两种方法：脉动法和激振法。脉动法是通过建筑物在大地、风、行人及车辆等干扰下产生微弱振动，从而反映结构稳态随机振动的性质。敲击激振法是采用人为的方法对建筑物进行激振，使建筑物产生较脉动法大的振动，从而识别结构的动力特性。

由于脉动法不需要外界激励，对建筑物不造成任何损伤，也不影响建筑物的正常使用，并且不受建筑结构形式和大小的限制，在自然环境条件下就可完成对建筑物动力特性的测量，适合历史建筑的动力特性的测试。因此，为使小雁塔结构在动力测试过程中免受额外的破坏，同时考虑小雁塔自身质量较大，常规的激振器难以激发其固有频率，本书采用脉动法对小雁塔结构的动力特性进行现场测试，并对测试信号进行模态分析，得出不同状态下小雁塔结构的各阶次自振频率和阻尼比。

2.3.1 测试仪器设备

本次测试工作采用 INV3060A 多通道动态数据采集仪、941-B 型水平及垂向速度传感器等，试验设备如图 2-7 所示。

(a)   (b)

图 2-7 动力特性测试设备

(a) INV3060A 动态数据采集仪；(b) 941-B 传感器

测试中使用的仪器设备均通过了陕西省计量科学研究院的计量检定,在有效的使用期内。测试软件为北京东方振动研究所开发研制的 DASP V10 专业版数据采集与信号处理软件;测试结束后,利用 DASP 模态分析软件对结果进行分析计算。

2.3.2　测点布置

砖石古塔动力特性测试的主要目的是根据古塔结构的结构形式和构造特征来选择测点布置方式,从而得到古塔结构的自振频率、周期和振型等。小雁塔塔身质量均匀,设定东西为 x 向,南北为 y 向,竖直为 z 向;在 13 层楼面处设置三个 891-B 型低频拾振器,作为本次测试的基准参考点,分别采集水平和竖向响应;其余测点沿高度方向从地面至塔顶均匀布置,x、y 向分为两组分别测试,传感器布置具体位置见表 2-6,现场测试情况如图 2-8 所示。

测点布置表　　　　　　　　　　　　　　表 2-6

测点	位置	方向	测点	位置	方向
1	1 层	xyz	6	7 层	xy
2	2 层	xyz	7	9 层	xyz
3	3 层	xz	8	11 层	xy
4	4 层	xy	9	13 层	xyz
5	5 层	xyz			

(a)

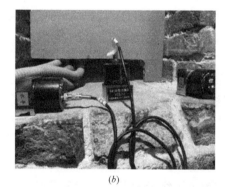
(b)

图 2-8　现场测试图
(a) 现场测试;(b) 传感器布置

2.3.3　测试结果

根据现场测试结果可得小雁塔结构的水平方向自振频率、阻尼比和振型等动力特性。自振频率和阻尼比见表 2-7,模态振型如图 2-9 所示。

小雁塔动力特征值　　　　　　　　　　　　表 2-7

项目	1 阶	2 阶	3 阶
频率/Hz	1.348	3.401	5.303
周期/s	0.74	0.29	0.19
阻尼比/%	0.902	2.201	6.560

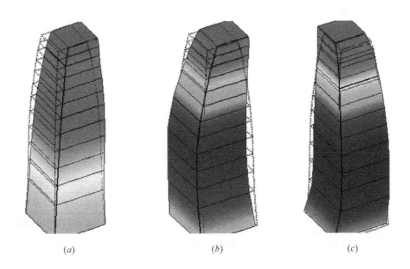

图 2-9 小雁塔模态振型图

（a）一阶振型；（b）二阶振型；（c）三阶振型

2.4 小雁塔抗震性能评估

小雁塔经历了上千年自然灾害的侵袭和人为战乱的破坏，塔体多处已经严重损伤，存在较多的薄弱部位，同时小雁塔也经过多次的修整加固，改变了其内部的结构形式，从而对小雁塔的抗震性能也有一定的影响，因此有必要对小雁塔现状的抗震性能进行评估。小雁塔抗震性能评估流程如图 2-10 所示。

2.4.1 小雁塔抗震性能预判

通过上述对小雁塔结构的现场调查，全面了解小雁塔结构的场地条件、历史灾害造成的损伤、现有结构特点以及材料的基本性能等基础资料。根据实际勘查资料建立量化

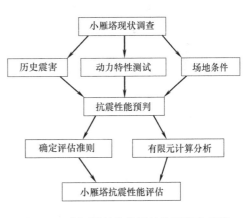

图 2-10 小雁塔结构抗震性能评估流程图

的综合指数，对古塔结构抗震性能进行预判评估。主要的评估指数有：倾斜度指数、裂缝指数、表面破坏指数、塔顶破坏指数、砌体风化指数和场地条件指数等，其综合指数 γ 的计算公式如下：

$$\gamma = \sum_{i=1} \alpha_i \gamma_i \qquad (2\text{-}6)$$

其中，γ 为古塔抗震性能综合评估指数，α_i 为评估项加权因子，γ_i 为评估项目指数。

本书对国内多处典型砖石古塔结构的地震破坏现象进行了调查，总结了地震灾害对砖

石古塔结构破坏的主要情况[119,120]，见表 2-8。同时根据文献［121，122］所用方法来确定各评估项目的综合指数取值，加权因子见表 2-9，综合指数的取值见表 2-10。

地震灾害对砖石古塔破坏情况调查表 表 2-8

古塔名称	建造年代	结构形式	破坏状况
龙护舍利塔	元代	密檐式方塔	塔底至顶裂缝贯通，局部失稳
洪山宝塔	1280 年	楼阁式砖塔	墙体微裂，石梁存在断裂，塔身微倾
兴教寺玄奘塔	669 年	楼阁式砖塔	基础下沉，塔檐裂缝贯通，塔身多处开裂
镇国寺塔	1045 年	密檐式方塔	塔基残损，塔顶坍塌，塔身多处开裂
盐亭笔塔	1888 年	重檐楼阁式	一层以上全部坍塌
法门寺塔	1579 年	楼阁式砖塔	中轴开裂，雨后一半坍塌
崇文塔	1556 年	楼阁式砖塔	塔顶震落，券洞、塔身严重开裂
中江南塔	1610 年	楼阁式砖塔	塔刹震落，塔檐坍塌，塔身密布横竖裂缝
大雁塔	684 年	楼阁式砖塔	地基下沉，倾斜
大象寺塔	唐代	叠涩密檐塔	垂直方向倾斜 4°以上
虎丘塔	959 年	楼阁式砖塔	倾斜 2°48′以上
奎光塔	1831 年	楼阁式砖塔	10 层以上通裂，坍塌严重

砖石古塔抗震性能评估加权因子取值 表 2-9

加权因子	α_1	α_2	α_3	α_4	α_5	α_6
取值	0.35	0.05	0.15	0.2	0.05	0.2

砖石古塔抗震性能评估指数 表 2-10

指数	γ_1 倾斜角度	γ_2 损坏面积占总面积比例	γ_3 塔顶情况	γ_4 裂缝情况	γ_5 风面积占总面积比	γ_6 场地情况
0.2	>5°	>50%	完全塌落	每 m^2>3 条，宽度>1mm，高度>1/2 层高	风化系数<0.4，风化面积>75%	软弱场地，地形不利抗震
0.4	4°～5°	30%～50%	局部塌落	每 m^2>3 条，宽度<1mm，高度>1/2 层高	风化系数 0.4～0.8，风化面积>75%	软柔场地，地形有利抗震
0.6	3°～4°	10%～30%	严重破坏	每 m^2>1 条，宽度>0.5mm，高度<1/2 层高	风化系数 0.4～0.8，风化面积<50%	中硬场地
0.8	2°～3°	<10%	存在破坏	每 m^2>1 条，宽度<0.5mm，高度<1/2 层高	风化系数>0.8，风化面积<50%	坚硬场地，地形不利抗震
1.0	<2°	表面完好	保存完好	无明显裂缝	无明显风化	坚硬场地，地形有利抗震

当 γ>0.8 时，为 A 类古塔，说明古塔的抗震性能良好，进一步抗震验算后若古塔满足要求，可不进行加固处理，若不满足抗震要求，应找出结构的薄弱环节，有针对性地指定加固方案进行加固处理；当 0.5≤γ<0.8 时，为 B 类古塔，说明古塔处于中等破坏状态，抗震能力不足，宜尽早制定加固方案进行修复；当 0.35≤γ<0.5 时，为 C 类塔，说明古塔破坏严重，抗震能力差，应尽快进行加固；当 γ<0.35 时，为 D 类塔，说明古塔

为危塔，抗震能力很差，应立即采取有效措施进行临时加固，防止古塔进一步破坏，同时应立即制定加固方案对其进行保护性的全面加固。

结合现场调查的结果，确定小雁塔抗震性能综合指数，由式（2-6）可得：

$$\gamma = \sum_{i=1} \alpha_i \gamma_i = 0.35 \times 1.0 + 0.05 \times 0.8 + 0.15 \times 0.2$$

$$+ 0.2 \times 0.6 + 0.05 \times 0.6 + 0.2 \times 0.2 = 0.61$$

根据上述方法，可初步判断小雁塔为 B 类古塔，抗震能力不足，宜尽早进行保护加固处理。同时，应通过进一步的抗震计算和模拟分析确定结构的薄弱部分，划分抗震级别，制定加固修复方案。

2.4.2 小雁塔抗震性能评估方法和评判建议

一般情况下，采用层间位移角作为衡量结构变形能力从而判断建筑结构是否满足抗震能力的标准；由于古塔结构使用的材料经历了数百年甚至上千年的风化，其强度具有不确定性，不能单纯用其变形能力来判断古塔结构的抗震性能。因此，本书采用以极限位移与极限承载力联合的方法来评估小雁塔结构的抗震性能。

文献［123］根据我国抗震规范的"三水准"设防要求和"小震不坏"及"大震不倒"的变形限值，通过试验得到砌体结构在弹性阶段、塑性变形及倒塌破坏三种状态的层间位移角的限制。但是，没有考虑古塔结构的特殊性，因此本书综合考虑小雁塔结构的材料、风化和历史破坏等方面原因，并结合砖石古塔历史意义和保护价值，参考《建筑抗震设计规范》（GB 50011—2010）[124]，《砌体结构设计规范》（GB 50003—2011）和模拟小雁塔结构墙体试验结果数据（见第 5 章所述）以及文献［125，126］，得到小雁塔结构各种损伤状态所对应的层间位移角建议限值区间，见表 2-11 所示。

小雁塔结构位移角限值建议区间　　　　　　表 2-11

性能水平	完好	基本完好	轻微破坏	中等破坏	严重破坏	倒塌
位移角	<1/2900	1/2900~1/1800	1/1800~1/1200	1/1200~1/800	1/800~1/500	>1/500

小雁塔结构的砌体材料是一种脆性材料，其单轴抗压强度远远大于单轴抗拉强度，在地震荷载作用下，塔身砌块墙体多表现为主拉应力引起的剪切型破坏，因此，当小雁塔结构砌体单元的主拉应力大于其轴心抗拉强度时，塔身即开裂，利用主拉应力可以评判砌块单元的破坏状态。根据文献［118］的规定，砌体的轴心抗拉强度平均值为：

$$f_{t,m} = k_3 \sqrt{f_2} \tag{2-7}$$

式中，$f_{t,m}$ 为砌体轴心抗拉强度平均值，f_2 为砂浆强度，k_3 系数，对黏土砖取 $k_3 = 0.141$。

由现场调查可知，小雁塔塔体砂浆强度取 0.4MPa，可得其塔身砌体结构轴心抗拉强度平均值 $f_{t,m} = 0.141 \times \sqrt{0.4} = 0.089$MPa。因此，当砌体单元的主拉应力小于或等于 0.089MPa 时，小雁塔结构处于弹性阶段，结构完好；当砌体单元的主拉应力大于 0.089MPa 时，小雁塔结构进入弹塑性阶段，结构开裂破坏。

2.4.3　小雁塔有限元分析模型建立

砖石古塔结构的有限元模型与砌体结构类似，有两种不同的模式即：离散式模型和整体式模型。离散式模型是将砂浆和砌块分别采用不同的材料进行建模，并考虑二者的接触及粘结滑移等问题，离散式模型可以较真实地反映砌体结构的特点，可模拟砌块于砂浆之间的作用，但该方法建模烦琐、划分单元多且计算量大，只适用于小型砌块等模拟计算。整体式模型是将砂浆与砌块作为一个整体来考虑，将砌体单元视为各向同性，或各向异性的均匀连续体，忽略砌块与砂浆之间的相互作用，整体式模型易于建模，适用于研究结构的宏观反应情况。

众所周知，小雁塔塔身材料为黄土烧结砖，局部楼板有历年修缮加固时采用的一些混凝土材料，且塔身内部夹杂有黄土，截面变化，构造复杂。若采用离散式模型不仅建模烦琐且会受计算机性能的限制，有限元分析模型比较复杂。一般而言历史建筑的抗震保护分析在结构的弹性阶段，而小雁塔结构是重要的历史建筑，对其进行有限元分析和变形控制等有别于普通建筑结构，故本书以最大限度保护小雁塔结构抗震性能为原则，为便于建模和计算分析，本书中采用具有各向同性的简化连续体分析模型，应用 ANSYS 有限元软件来建立小雁塔结构的有限元模型并进行计算分析。根据现场调查确定小雁塔有限元分析所用材料参数为，砌体弹性模量取 703MPa，密度为 1200kg/m³，泊松比取 0.15；混凝土弹性模量取 3.0×10^4 MPa，密度为 2400kg/m³，泊松比取 0.16，单元选取三维 8 节点实体单元 SOLID65，对小雁塔塔体挑檐进行必要简化。

2.4.4　有限元分析计算结果

西安地区抗震设防烈度为 8 度，场地为Ⅱ类场地土，有限元计算中选取了与Ⅱ类场地接近的两条天然波（El-Centro 波和江油波）和一条人工波作为激励输入，考察小雁塔结构在 8 度小震、8 度中震及 8 度大震下的地震响应情况，从而判断小雁塔的抗震性能。

（1）小雁塔结构位移响应

小雁塔结构在 8 度小震、8 度中震及 8 度大震下各层的最大水平位移见表 2-12 和图 2-11所示，最大层间位移角见表 2-13 和图 2-12 所示。

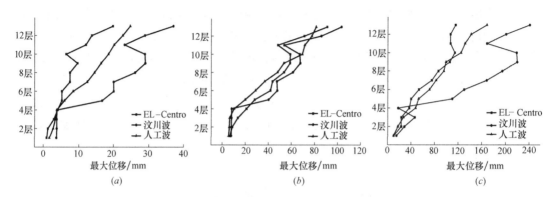

图 2-11　小雁塔各层最大水平位移图

(a) 小震；(b) 中震；(c) 大震

小雁塔结构各层最大水平位移（mm）　　　　表 2-12

层数	El-Centro 波			江油波			人工波		
	小震	中震	大震	小震	中震	大震	小震	中震	大震
1 层	0.92	6.41	10.29	3.69	7.51	14.93	1.69	5.34	9.86
2 层	1.23	8.45	22.99	3.73	7.74	28.48	2.73	5.98	17.38
3 层	2.91	13.28	23.15	3.75	7.86	46.01	3.35	6.29	26.79
4 层	3.99	20.75	36.69	3.80	7.99	17.90	3.78	10.06	47.20
5 层	5.19	27.93	39.77	16.54	40.03	109.67	5.88	19.63	52.43
6 层	5.21	41.70	52.93	19.98	47.64	129.80	8.36	28.57	71.08
7 层	7.47	7.47	75.02	19.97	47.34	167.94	12.31	36.61	82.16
8 层	7.48	53.42	85.94	26.07	61.10	194.05	14.33	47.88	95.33
9 层	9.60	58.71	105.27	28.96	67.42	219.31	16.19	53.29	98.91
10 层	6.42	58.84	114.02	28.84	66.91	218.36	18.41	69.11	124.36
11 层	11.95	48.19	106.62	23.08	53.61	168.42	20.08	71.23	131.21
12 层	13.59	70.86	106.59	28.84	85.54	200.47	22.56	77.30	141.53
13 层	19.76	90.65	115.24	37.08	103.11	240.63	24.67	81.11	168.27

小雁塔结构最大层间位移角 θ　　　　表 2-13

层数	El-Centro 波			江油波			人工波		
	小震	中震	大震	小震	中震	大震	小震	中震	大震
1 层	1/2854	1/1911	1/1144	1/2114	1/1431	1/1097	1/2462	1/1365	1/1107
2 层	1/2027	1/1815	1/1254	1/1989	1/1498	1/1143	1/2045	1/1208	1/1142
3 层	1/2570	1/2817	1/1146	1/1506	1/1303	1/917	1/2078	1/1372	1/1067
4 层	1/3777	1/2050	1/1040	1/2384	1/1250	1/883	1/2142	1/1249	1/975
5 层	1/2110	1/1901	1/902	1/3132	1/1191	1/852	1/1855	1/1090	1/929
6 层	1/2053	1/1608	1/840	1/2139	1/1088	1/706	1/1868	1/1157	1/790
7 层	1/1961	1/1431	1/788	1/1947	1/971	1/523	1/1941	1/944	1/632
8 层	1/1803	1/1476	1/547	1/1953	1/926	1/401	1/1882	1/809	1/553
9 层	1/1814	1/1106	1/531	1/1941	1/815	1/412	1/1845	1/770	1/542
10 层	1/1975	1/940	1/447	1/2032	1/731	1/377	1/1909	1/536	1/451
11 层	1/1984	1/885	1/504	1/1906	1/757	1/343	1/1877	1/679	1/443
12 层	1/1841	1/759	1/457	1/1898	1/663	1/237	1/1869	1/608	1/362
13 层	1/1834	1/652	1/415	1/1822	1/558	1/271	1/1811	1/656	1/328

（2）小雁塔结构应力响应

小雁塔结构在 8 度小震、8 度中震及 8 度大震下主拉应力最大值及位置见表 2-14 和图 2-13 所示。

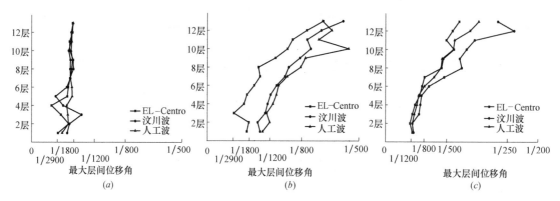

图 2-12　小雁塔结构最大层间位移角图

(a) 小震；(b) 中震；(c) 大震

小雁塔结构主拉应力最大值表（MPa）　　　　　　　　　表 2-14

层数	El-Centro 波			江油波			人工波		
	小震	中震	大震	小震	中震	大震	小震	中震	大震
1 层	0.052	0.075	0.107	0.061	0.077	0.111	0.055	0.069	0.091
2 层	0.043	0.080	0.341	0.066	0.106	0.265	0.068	0.106	0.286
3 层	0.033	0.111	0.163	0.031	0.125	0.177	0.022	0.096	0.174
4 层	0.042	0.134	0.201	0.041	0.114	0.191	0.032	0.074	0.186
5 层	0.083	0.049	0.246	0.033	0.083	0.175	0.029	0.065	0.206
6 层	0.061	0.123	0.194	0.056	0.094	0.149	0.031	0.117	0.159
7 层	0.053	0.107	0.128	0.091	0.108	0.155	0.049	0.094	0.160
8 层	0.056	0.072	0.108	0.079	0.084	0.133	0.032	0.088	0.151
9 层	0.050	0.072	0.093	0.037	0.046	0.125	0.022	0.073	0.127
10 层	0.053	0.040	0.054	0.028	0.029	0.092	0.019	0.059	0.098
11 层	0.035	0.023	0.052	0.026	0.021	0.082	0.011	0.051	0.090
12 层	0.027	0.039	0.049	0.025	0.019	0.073	0.015	0.032	0.053
13 层	0.012	0.018	0.063	0.011	0.017	0.071	0.013	0.037	0.061

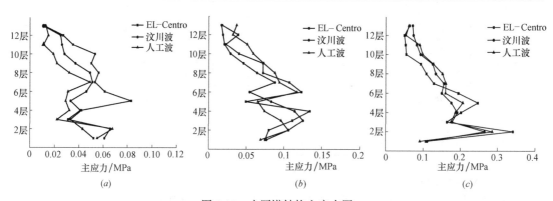

图 2-13　小雁塔结构主应力图

(a) 小震；(b) 中震；(c) 大震

2.4.5　评估小雁塔抗震性能

根据有限元计算结果，并应用位移和应力判定准则可对小雁塔结构的抗震性能做出具体的评估。

(1) 8度小震作用

由表2-13可知，8度小震作用下，塔身的层间位移角最大值在1/3777～1/1811之间，从其分布可以看出较低层的位移角变化较大，而随着层高的增加，不同地震波作用下层间位移角值逐渐趋于一致，但整体层间位移角小于1/1800，因此，可认为小雁塔结构处与弹性状态，不发生破坏，基本完好。

由表2-14和图2-13可以看出，El-Centro波作用下，主拉应力主要集中在第2、5和第8层，最大主应力为0.083MPa出现在第5层，虽然其最大主应力值未超过轴心抗拉强度值 $f_{t,m}=0.089$MPa，但还是可判定小雁塔结构的裂缝首先在该处产生，然后裂缝会在第5层处同时向上、下发展。江油波作用下，主拉应力主要集中于底部和塔身中部，主拉应力最大值为0.091MPa，且位移较El-Centro波和人工波大，可以判定江油波作用对小雁塔结构的影响较大。

(2) 8度中震作用

由表2-13可知，8度中震作用下，塔身各层的层间位移角最大值与8度小震分布不同。El-Centro波对小雁塔的影响较小，其中1～5层小于1/1800，第6、7和8层在1/1800～1/1200之间，第9、10和11层处于1/1200～1/800之间，10层以上层间位移角最大值大于1/800，但小于1/500，由此可判断小雁塔结构塔身下部处于弹性状态，不发生破坏；6～8层塔体结构出现轻微破坏；9～10结构发生中等破坏；10层以上塔体结构发生较严重破坏，存在倒塌风险。江油波和人工波在中震作用下对小雁塔的影响较大，塔身中部就会发生中等程度的破坏，塔身顶部的倒塌风险较大。

由图2-13和表2-14可以看出，El-Centro波作用下，主拉应力主要集中在第2、3、6、7和第8层，其值均大于轴心抗拉强度值 $f_{t,m}=0.089$MPa，最大主应力为0.123MPa出现在第6层；江油波作用下，主拉应力主要集中于塔体底部的中央附近，且最大主拉应力均较大；人工波作用下，主拉应力主要集中在第2层和第6层。由上述分析可判定：小雁塔结构的主裂缝将从塔身中下部开始沿竖直方向向上、下同时发展，且裂缝位于受力薄弱的券洞处，最终形成竖向贯通裂缝，结构发生较为严重的破坏。

(3) 8度大震作用

由表2-13可知，8度大震作用下，塔身各层的层间位移角较小震和中震均明显增大，其中6层以下大部分层间位移角的值分布在1/1000附近，而6层以上层间位移角突然增大；由此可判断小雁塔结构大部分塔身都已出现严重破坏，尤其是在6层以上破坏将非常严重；由图2-14和表2-13可以看出，在8度大震作用下小雁塔塔身各层的应力值均较大，尤其是下部结构最大主应力可达0.341MPa。由此可以看出，小雁塔结构将发生更为严重的破坏，塔身竖向贯通的裂缝会迅速发展，且裂缝宽度变大，同时塔身上部结构处由于位移过大状态，可能出现坍塌的危险，同时也存在着将塔体从各层券洞处"一分为二"的倒塌形式的风险。

2.5   本章小结

通过对西安小雁塔的现场调查、测试和抗震性能评估等工作，分析了小雁塔结构的保护现状和抗震性能以及存在的问题，得出以下主要结论：

（1）根据现有的历史资料、修缮说明及现场观察可以看出，小雁塔历经了数千年的自然灾害侵袭及人为破坏的影响，虽然经过多次加固修缮后整体结构基本完好，但塔身存在较多裂缝、风化、内部黄土裸露等严重的内部损伤。

（2）小雁塔原位回弹和贯入检测表明，小雁塔结构现有的砖砌体的强度较低，尤其是胶结材料橙黄泥的强度很低，小雁塔结构的抗震承载力较差；同时原位动力特性测试准确地得到了小雁塔结构的自振频率、振型和阻尼比等动力特性，为小雁塔结构的动力特性研究提供了基础。

（3）利用极限位移与极限承载力联合的方法来评估小雁塔结构的抗震性能，确定了以层间位移角和主拉应力判断小雁塔结构破坏的方法，初步判断小雁塔为 B 类古塔。

（4）通过有限元计算分析对小雁塔的抗震性能做出评估：8 度小震作用下小雁塔塔身处于弹性阶段，基本上不发生破坏，但是应力主要集中在塔身第 5 层处，裂缝会由此处沿塔身上下开裂，开裂过程中会吸收部分地震能量，因此裂缝不会有较大的发展；8 度中震作用下塔身将形成较大的贯通裂缝，破坏较为严重；8 度大震作用下小雁塔结构上部由于位移过大，可能出现坍塌的危险，同时也存在着将塔体从各层券洞处一分为二的风险。

（5）小雁塔在 8 度中震下将出现严重的破坏，8 度大震有坍塌的危险，应尽早进行保护加固处理，防止在强震中发生毁灭性的破坏。

第 3 章 SMA 材料的性能试验及本构模型研究

3.1 概述

近年来，SMA 作为新型的智能材料越来越多地应用到结构振动控制领域。本书利用 SMA 丝独特的超弹性性能，针对小雁塔现有结构形式，研发适用于小雁塔结构的消能减震系统。然而由于 SMA 材料的力学性能变异性较大，受外界的影响因素较多，因此本章对常温为奥氏体的 Ni-Ti 形状记忆合金丝进行了不同影响因素下的力学性能试验，研究不同循环加载次数、加载应变幅值、加载速率及材料直径等因素对奥氏体 SMA 丝性能的影响规律；在总结基于唯象理论的 Brinson 一维本构模型基础上，根据试验结果，提出一种简化的四折线本构模型；同时利用人工神经网络智能算法，建立基于遗传算法优化的 SMA 人工神经网络本构模型，为后续研发适用于小雁塔结构的 SMA 复合悬摆减震系统提供依据。

3.2 SMA 丝超弹性力学性能试验

3.2.1 试验材料与设备

本次试验使用 Ni-Ti 形状记忆合金丝，该合金丝材化学成分为 Ti-51at％Ni，直径规格为 0.5mm、0.8mm、1.0mm 和 1.2mm，如图 3-1 所示。相变温度如下：M_f 为 $-42℃$，M_s 为 $-38℃$，A_f 为 $-13℃$，A_s 为 $-9℃$。试验设备采用弘达 HT-2402 电脑式伺服控制材料试验机，如图 3-2 所示。该试验机最大拉、压荷载为 100t，荷载精度为 $±5％$，轴向变形由位移引伸计测量，标距为 33.5mm，计算机自动采集系统采集数据，如图 3-3 所示。

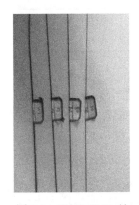

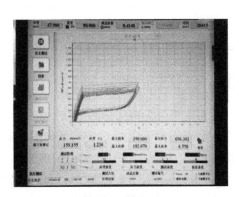

图 3-1 Ni-Ti SMA 丝 　　　图 3-2 材料试验图 　　　图 3-3 数据采集系统

3.2.2　试验过程

试验主要进行了 4 组 48 个不同工况的力学性能试验，主要考虑了加载循环、应变幅值、加载速率、材料直径等因素对奥氏体 SMA 丝材的应力-应变曲线、特征点应力、耗能能力、等效阻尼比及等效割线模量的影响，试验方案见表 3-1。为避免试件长度对 SMA 性能的未知影响，试验各工况采用的试件长度均为 300mm，有效长度为 100mm；每种工况加/卸载循环 30 圈，同时，为保证测试的准确性，每个工况开始前对试件施加 10～30MPa 的预拉力，使试件能拉直绷紧。试验中采用定速率加载/卸载模式对 SMA 丝施加荷载；当单次循环中丝材应变达到其设置幅值时停止加载，丝材受轴向力小于 5N 是停止卸载。

奥氏体 SMA 丝超弹性性能试验工况　　　　　　　　　　　表 3-1

试验编号	试件标距 （mm）	直径 （mm）	加载速率 （mm/min）	应变幅值 （％）	循环次数
1			10	3	
2			10	6	
3			10	8	
4			30	3	
5			30	6	
6	33.5	0.5	30	8	30
7			60	3	
8			60	6	
9			60	8	
10			90	3	
11			90	6	
12			90	8	
13～24	33.5	0.8	工况与直径 为 0.5mm 同	工况与直径 为 0.5mm 同	30
25～36	33.5	1.0	工况与直径 为 0.5mm 同	工况与直径 为 0.5mm 同	30
37～48	33.5	1.2	工况与直径 为 0.5mm 同	工况与直径 为 0.5mm 同	30

3.2.3　试验结果与分析

对常温下为奥氏体的 SMA 丝进行加载/卸载循环试验，奥氏体 SMA 丝材的单圈相变过程和单圈典型应力-应变曲线如图 3-4 所示。其中，σ_{Ms}、σ_{Mf} 分别表示马氏体相变开始和结束的应力；σ_{As}、σ_{Af} 分别表示奥氏体相变开始和结束应力；本书定义四个特征点（σ_a、σ_b、σ_c、σ_d），如图 3-5 所示，近似代替相变临界应力（σ_{Ms}、σ_{Mf}、σ_{As}、σ_{Af}）。加载段以应力-应变曲线平台开始点作为特征点 a；以经过加载平台，加载段曲线斜率明显增大点作为特征点 b；以应力应变下降开始偏离线性关系的点作为特征点 c；应力-应变曲线在卸载末期，从非线性变为线性，以应力应变开始近似成比例下降的点为特征点 d。

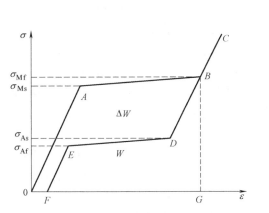

图 3-4 超弹性 SMA 典型应力-应变曲线   图 3-5 本构曲线特征点图

（1）循环加载的影响

选取直径为 1.0mm，加载速率为 10mm/min，应变幅值为 3% 的试验为例说明循环加载对奥氏体 SMA 丝力学性能的影响，如图 3-6 和表 3-2 所示。随着循环次数的增加，

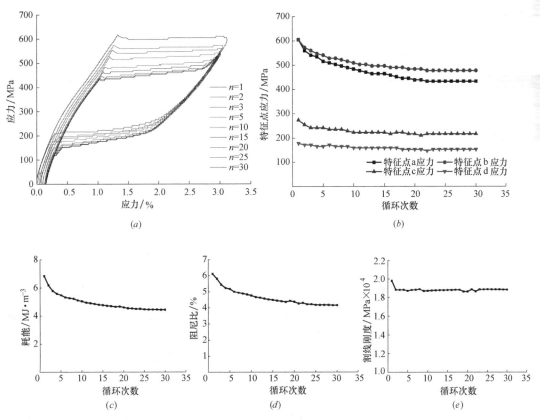

图 3-6 循环加载/卸载次数的影响

（a）应力-应变曲线的变化；（b）特征点应力的变化；（c）耗能的变化；

（d）等效阻尼比的变化；（e）等效割线刚度的变化

SMA 丝应力-应变曲线逐渐变光滑，累计残余变形逐渐增大，单次循环的残余变形 ε_r 减小，第 16 循环的单圈残余变形为 0.003%，已经非常接近 0；马氏体相变，经过 30 个循环后，特征点 a 的应力 σ_a 降低了 171.89MPa，降幅达 28.4%，前 15 个循环降低了 140.06MPa，占总降幅的 81.49%，同样，特征点 b 的应力下降也主要发生在前 15 个循环。对奥氏体相变，经过 30 个循环后，特征点 c、d 的应力 σ_c、σ_d 分别降低了 57.30MPa 和 25.46MPa，降幅为 20.93% 和 14.28%，而前 10 个循环的降率分别占总降幅的 88.89% 和 75.02%，特征点 c、d 的应力在第 10 循环以后趋于稳定。可见，马氏体相变较逆相变的临界应力变化幅度大，需经较多循环后才能稳定。SMA 丝的单圈耗能和等效阻尼比随循环次数逐渐减小，30 个循环后，单圈耗能 ΔW 降低了 2.405MJ·m^{-3}，降幅达 35.16%；等效阻尼比 ζ_a 降低了 1.95%，降幅达 31.91%，前期循环耗能和等效阻尼比下降较快，15 个循环后耗能能力和等效阻尼比趋于稳定；等效割线刚度 K_s 总体比较平稳，降幅集中在前几个循环。

不同加循环次数对应的奥氏体 SMA 丝的力学性能参数值　　　表 3-2

循环次数	σ_a (MPa)	σ_b (MPa)	σ_c (MPa)	σ_d (MPa)	ΔW MJ·m^{-3}	ζ_a (%)	K_s (MPa)
1	604.79	604.79	273.75	178.25	6.843	6.11	19796
2	560.23	572.96	254.65	171.89	6.190	5.81	18836
3	541.13	560.23	241.92	171.89	5.796	5.44	18824
5	515.66	541.13	241.92	165.52	5.481	5.18	18715
10	483.83	509.30	222.82	159.15	5.035	4.76	18708
15	464.73	496.56	222.82	159.15	4.769	4.48	18805
20	439.27	483.83	216.45	152.79	4.603	4.37	18622
25	432.90	477.46	216.45	152.79	4.461	4.18	18883
30	432.90	477.46	216.45	152.79	4.438	4.16	18845

由此可见循环次数对奥氏体 SMA 丝的力学性能影响很大，在实际的工程应用中，为了得到 SMA 丝稳定的超弹性性能，必须预先对其进行循环加/卸载训练，通常应加卸载循环 20 圈左右，SMA 丝力学性能趋于稳定。

（2）应变幅值的影响

选取直径为 1.0mm，加载速率为 10mm/min 的 SMA 丝，来分析不同应变幅值对奥氏体 SMA 丝力学性能的影响，如图 3-7 和表 3-3 所示。随着 SMA 丝应变幅值的增大，特征点 a、b、c 的应力变化不大，而特征点 d 的应力随着应变幅值的增大而减小，说明随着应变幅值的增大，SMA 的应力应变曲线趋于饱满，耗能能力增大，当应变幅值由 3% 增大至 8% 时，SMA 丝的单圈耗能从 4.46MJ·m^{-3} 增大到 20.76MJ·m^{-3}，耗能能力增大了近 4.7 倍。等效阻尼比随应变幅值的增大呈现出先增大后平稳的趋势，当应变幅值小于 6% 时，阻尼比显著增大；当应变幅值大于 6% 时，阻尼比变化较小，说明虽然 SMA 丝的绝对耗能能力随着应变幅值的增大而增大，但是其耗能效率在应变幅值为 6% 左右时最好。等效割线刚度随着应变幅值的增大逐渐减小，从应变幅值 3% 增大到 8% 时，割线刚度从 18883MPa 降到 7813MPa，降幅达 58.62%，降低幅度较大。

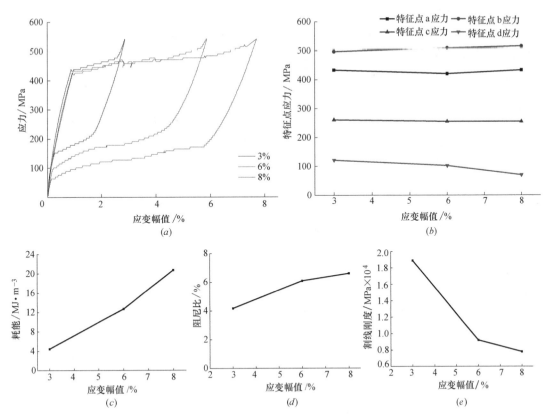

图 3-7　应变幅值对奥氏体 SMA 丝力学性能的影响

（a）应力-应变曲线的变化；（b）特征点应力的变化；（c）耗能的变化；

（d）等效阻尼比的变化；（e）等效割线刚度的变化

不同应变幅值对应的奥氏体 SMA 丝力学性能参数值　　　　　　　　表 3-3

应变 幅值	σ_a (MPa)	σ_b (MPa)	σ_c (MPa)	σ_d (MPa)	ΔW MJ·m^{-3}	ζ_a (%)	K_s (MPa)
3%	426.90	496.56	260.65	120.96	4.46	4.18	18883
6%	420.17	509.30	254.65	101.86	12.70	6.09	9211
8%	432.90	515.66	254.65	70.03	20.76	6.60	7813

（3）加载速率的影响

以直径为 1.0mm，加载应变幅值为 6% 的拉伸循环试验为例，说明加载速率对 SMA
丝力学性能的影响，如图 3-8 和表 3-4 所示。随着加载速率的增大，奥氏体 SMA 丝的应
力-应变曲线的卸载段发生的变化比较明显，加载速率从 10mm/min 增大到 90mm/min，
特征点 a 的应力基本没有变化，特征点 b 的应力有很小幅度的增大，特征点 d 的应力变化
很小；当加载速率大于 30mm/min 时，特征点 c 的应力明显增大，加载速率从 30mm/min
增大到 90mm/min，特征点 c 的应力增大了 18.50%，当加载速率小于 30mm/min 时对应
力影响较小。这说明随着加载速率的增大，SMA 丝应力-应变曲线的加载段变化较小，而
卸载段的线性段明显减小，近似水平的奥氏体相变"平台"逐渐向上倾斜，耗能能力有所

降低。当加载速率大于 30mm/min 时，随加载速率的增大 SMA 丝的等效阻尼比逐渐减小，等效阻尼比降低了 14.56%，这主要是由于：在 SMA 丝加载过程中产生了部分热量，这部分热能使相变过程中 SMA 温度升高，从而降低了其自身的耗能能力。割线刚度随着加载速率的增大逐渐减小后趋于平稳。

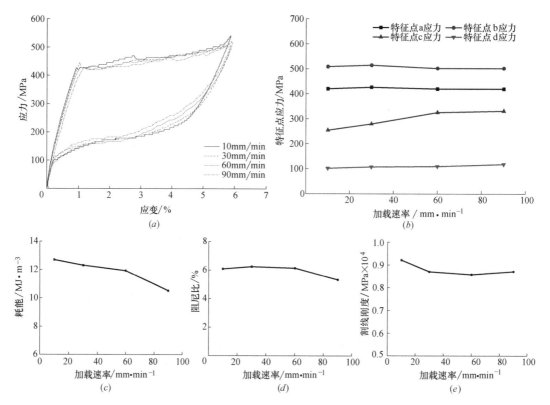

图 3-8　加载速率对奥氏体 SMA 丝力学性能的影响
（a）应力-应变曲线的变化；（b）特征点应力的变化；（c）耗能的变化；
（d）等效阻尼比的变化；（e）等效割线刚度的变化

不同加载速率对应的奥氏体 SMA 丝力学性能参数值　　　　表 3-4

速率 （mm/min）	σ_a （MPa）	σ_b （MPa）	σ_c （MPa）	σ_d （MPa）	ΔW （MJ·m^{-3}）	ζ_a （%）	K_s （MPa）
10	420.17	509.30	254.65	101.86	12.70	6.09	9211
30	426.54	515.36	280.11	107.59	12.31	6.25	8703
60	420.17	502.93	326.04	109.86	11.93	6.15	8578
90	420.17	502.93	331.94	118.23	10.52	5.34	8711

（4）不同直径的影响

以加载速率为 90mm/min，加载应变幅值为 6% 为例，说明直径对奥氏体 SMA 丝材力学性能的影响，如图 3-9 和表 3-5 所示。随着材料直径的增大，SMA 丝的应力-应变曲线趋于平滑，材料的累计残余变形增大，各特征点应力比较平稳，变化不大。材料直径大于 0.8mm 时，SMA 丝的耗能能力和等效刚度受直径的影响较小，变化幅度不大，而等效阻尼比随着材料直径的增大明显减少，从直径 0.5mm 到直径 1.2mm，等效阻尼比降低了 22.96%。

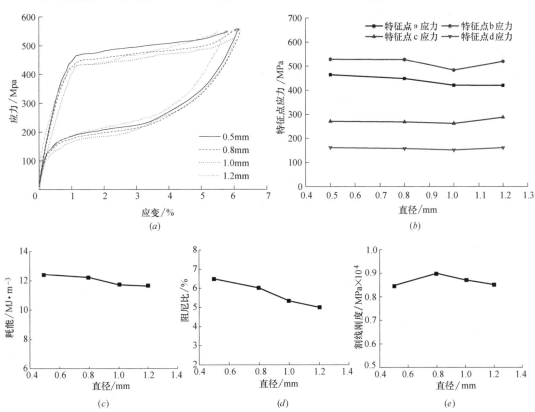

图 3-9 材料直径对奥氏体 SMA 丝力学性能的影响

(*a*) 应力-应变曲线的变化；(*b*) 特征点应力的变化
(*c*) 耗能的变化；(*d*) 等效阻尼比的变化；(*e*) 等效割线刚度的变化

不同直径对应的奥氏体 SMA 丝力学性能参数值　　　　　　　表 3-5

直径(mm)	σ_a (MPa)	σ_b (MPa)	σ_c (MPa)	σ_d (MPa)	ΔW (MJ·m^{-3})	ζ_a (%)	K_s (MPa)
0.5	483.83	535.69	281.04	183.72	12.43	6.49	8473
0.8	447.62	521.20	278.10	178.26	12.22	6.01	8993
1.0	420.17	506.93	271.94	169.23	11.72	5.34	8711
1.2	413.26	532.20	287.57	172.74	11.63	5.00	8515

3.3 速率相关型 SMA 简化本构模型

3.3.1 Brinson 本构模型

Brinson 本构模型是在 Tanaka 模型和 Liang 模型的基础上修改而得到的[127,128]。三者形式相似，思路也基本相同，它们之间的最大区别在于所采用的马氏体相变动力学模型不同。上述模型形式简单，避开了诸如自由能等难于测量的参量，并定义了适用于工程计算的参量体系，因而得到了广泛的应用[129,130]。由于 Tanaka 和 Liang 模型的缺陷，Brinson 将马氏体体积分数表示为应力诱发相和温度诱发相，并采用了非常数材料参数，认为材料的弹性模量、相变模量与马氏体体积分数呈线性关系，使得模型具有很强的工程适用性并便于有限元分析，因此在实际工程结构中的应用十分广泛[131]。Brinson 一维本构模型可写成下述更为明确的增率形式[132]：

$$\frac{d\sigma}{dt}=D\frac{d\varepsilon}{dt}+\Omega\frac{d\xi_S}{dt}+\Theta\frac{dT}{dt} \tag{3-1}$$

$$\xi=\xi_T+\xi_S \tag{3-2}$$

$$D=D_A+\xi(D_M+D_A) \tag{3-3}$$

$$\Omega=-\varepsilon_L\cdot D \tag{3-4}$$

则根据式（3-2）可建立如下修正后的 SMA 本构方程：

$$\sigma-\sigma_0=D(\xi)\varepsilon-D(\xi_0)\varepsilon_0+\Omega(\xi_0)\xi_{S0}+\Theta(T-T_0) \tag{3-5}$$

式中，D 是杨氏模量，其中 D_A 和 D_M 分别表示奥氏体状态和马氏体状态下的杨氏模量；ξ 是马氏体体积分数，其中 ξ_S 和 ξ_T 分别表示应力诱发和温度引起的马氏体体积分数；Ω 是相变张量，ε_L 是 SMA 材料在相变过程中的最大可恢复应变；Θ 是材料的热弹性模量。

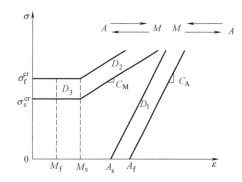

图 3-10　Brinson 本构模型中相变应力与相变温度关系

图 3-10 是 Brinson 根据大量试验资料和理论分析结果整理的 SMA 材料一维本构模型中相变应力与相变温度的关系示意图。同时 Brinson 提出了 SMA 材料发生正逆相变的条件，给出了图 3-10 中各个相变区域内的相变运动控制方程，分别为：

（1）当 $T>A_s$ 且满足 $C_A(T-A_f)\leqslant\sigma\leqslant C_A(T-A_s)$ 的条件，即材料的应力温度关系在图 3-10 中的 D_1 区域时，材料将发生 M→A 相变。这时，材料的相变运动控制方程及其增量形式分别为：

$$\xi=\frac{\xi_0}{2}\left\{\cos\left[a_A\left(T-A_s-\frac{\sigma}{C_A}\right)\right]+1\right\} \tag{3-6}$$

$$\xi_S=\xi_{S0}-\frac{\xi_{S0}}{\xi_0}(\xi_0-\xi) \tag{3-7}$$

$$\xi_T=\xi_{T0}-\frac{\xi_{T0}}{\xi_0}(\xi_0-\xi) \tag{3-8}$$

$$\frac{d\xi}{dt}=-\frac{\xi_0 a_A}{2}\sin\left[a_A\left(T-A_s-\frac{\sigma}{C_A}\right)\right]\cdot\left(\frac{dT}{dt}-\frac{1}{C_A}\cdot\frac{d\sigma}{dt}\right) \tag{3-9}$$

$$\frac{d\xi_S}{dt}=-\frac{\xi_{S0}a_A}{2}\sin\left[a_A\left(T-A_s-\frac{\sigma}{C_A}\right)\right]\cdot\left(\frac{dT}{dt}-\frac{1}{C_A}\cdot\frac{d\sigma}{dt}\right) \tag{3-10}$$

$$\frac{d\xi_T}{dt}=-\frac{\xi_{T0}a_A}{2}\sin\left[a_A\left(T-A_s-\frac{\sigma}{C_A}\right)\right]\cdot\left(\frac{dT}{dt}-\frac{1}{C_A}\cdot\frac{d\sigma}{dt}\right) \tag{3-11}$$

式中，材料常数 $a_A=\pi/(A_f-A_a)$，C_A 是奥氏体相变时应力对相变温度影响程度的材料常数，A_s 和 A_f 分别是奥氏体相变的初始温度和结束温度，ξ_0、ξ_{S0} 和 ξ_{T0} 分别是马氏体体积分数、应力诱发的马氏体体积分数和温度引起的马氏体体积分数的初始值。

（2）当 $T>M_s$ 且满足 $\sigma_s^{cr}+C_M(T-M_f)\leqslant\sigma\leqslant\sigma_f^{cr}+C_M(T-M_s)$ 的条件，即材料的应力温度关系在图 3-10 中的 D_2 区域时，材料将发生 A→M 相变。这时，材料的相变运动控制方程及其增量形式分别为：

$$\xi_T=\xi_{T0}-\frac{\xi_{T0}}{1-\xi_{S0}}(\xi_S-\xi_{S0}) \tag{3-12}$$

$$\xi=\left(1-\frac{\xi_{T0}}{1-\xi_{S0}}\right)\xi_S+\frac{\xi_{T0}}{1-\xi_{S0}} \tag{3-13}$$

$$\xi_S=\frac{1-\xi_{S0}}{2}\cos\left\{\frac{\pi}{\sigma_s^{cr}-\sigma_f^{cr}}[\sigma-\sigma_f^{cr}-C_M(T-M_s)]\right\}+\frac{1+\xi_{S0}}{2} \tag{3-14}$$

$$\frac{d\xi_S}{dt}=-\frac{\pi(1-\xi_{S0})}{2(\sigma_s^{cr}-\sigma_f^{cr})}\sin\left\{\frac{\pi}{\sigma_s^{cr}-\sigma_f^{cr}}[\sigma-\sigma_f^{cr}-C_M(T-M_s)]\right\}\cdot\left(C_M\frac{dT}{dt}-\frac{d\sigma}{dt}\right) \tag{3-15}$$

$$\frac{d\xi_T}{dt}=-\frac{\pi(1-\xi_{T0})}{2(\sigma_s^{cr}-\sigma_f^{cr})}\sin\left\{\frac{\pi}{\sigma_s^{cr}-\sigma_f^{cr}}[\sigma-\sigma_f^{cr}-C_M(T-M_s)]\right\}\cdot\left(C_M\frac{dT}{dt}-\frac{d\sigma}{dt}\right) \tag{3-16}$$

$$\frac{d\xi}{dt}=-\frac{\pi(1-\xi_{S0}-\xi_{T0})}{2(\sigma_s^{cr}-\sigma_f^{cr})}\sin\left\{\frac{\pi}{\sigma_s^{cr}-\sigma_f^{cr}}[\sigma-\sigma_f^{cr}-C_M(T-M_s)]\right\}\cdot\left(C_M\frac{dT}{dt}-\frac{d\sigma}{dt}\right) \tag{3-17}$$

式中，C_M 是马氏体相变时应力对相变温度影响程度的材料常数，M_s 和 M_f 分别是马氏体相变的初始温度和结束温度，σ_s^{cr} 和 σ_f^{cr} 分别是马氏体相变开始和结束时的临界应力。

（3）当 $T<M_s$ 且满足 $\sigma_s^{cr}<\sigma<\sigma_f^{cr}$ 的条件，即材料的应力温度关系在图 3-10 中的 D_3 区域时，材料将发生 A→M 相变。这时，材料的相变运动控制方程及其增量形式分别为：

$$\xi_S=\frac{1-\xi_{S0}}{2}\cos\left[\frac{\pi}{\sigma_s^{cr}-\sigma_f^{cr}}(\sigma-\sigma_f^{cr})\right]+\frac{1+\xi_{S0}}{2} \tag{3-18}$$

$$\xi_T=\xi_{T0}-\frac{\xi_{T0}}{1-\xi_{S0}}(\xi_S-\xi_{S0})+\Delta_{T\xi} \tag{3-19}$$

$$\xi=\left(1-\frac{\xi_{T0}}{1-\xi_{S0}}\right)\xi_S+\frac{\xi_{T0}}{1-\xi_{S0}}+\Delta_{T\xi} \tag{3-20}$$

$$\frac{d\xi_S}{dt}=-\frac{\pi(1-\xi_{S0})}{2(\sigma_s^{cr}-\sigma_f^{cr})}\sin\left[\frac{\pi}{\sigma_s^{cr}-\sigma_f^{cr}}(\sigma-\sigma_f^{cr})\right]\cdot\frac{d\sigma}{dt} \tag{3-21}$$

$$\frac{d\xi_T}{dt}=-\frac{\xi_{T0}}{(1-\xi_{S0})}\cdot\frac{d\xi_S}{dt}+\frac{d\Delta_{T\xi}}{dt} \tag{3-22}$$

$$\frac{d\xi}{dt}=-\frac{\pi(1-\xi_{S0}-\xi_{T0})}{2(\sigma_s^{cr}-\sigma_f^{cr})}\sin\left[\frac{\pi}{\sigma_s^{cr}-\sigma_f^{cr}}(\sigma-\sigma_f^{cr})\right]\cdot\frac{d\sigma}{dt}+\frac{d\Delta_{T\xi}}{dt} \tag{3-23}$$

式中，$\Delta_{T\xi}$ 和 $d\Delta_{T\xi}/dt$ 分别按下述规定采用：

当 $M_f<T<M_s$ 材料的温度在降低时，$\Delta_{T\xi}$ 和 $d\Delta_{T\xi}/dt$ 分别为：

$$\Delta_{T\xi}=\frac{1-\xi_{T0}}{2}\{\cos[a_M(T-M_f)]+1\} \tag{3-24}$$

$$\frac{d\Delta_{T\xi}}{dt}=-\frac{a_M(1-\xi_{T0})}{2}\left\{\sin[a_M(T-M_f)]+\frac{dT}{dt}\right\} \tag{3-25}$$

否则，当材料的温度条件不满足上述规定时，$\Delta_{T\xi}$ 和 $d\Delta_{T\xi}/dt$ 分别为：

$$\Delta_{T\xi} = \frac{d\Delta_{T\xi}}{dt} = 0 \tag{3-26}$$

式中，材料常数 $a_M = \pi/(M_s - M_f)$。

（4）当材料的温度和应力不在上述规定区域，即不在区域 D_1、D_2 和 D_3 时，则材料内部将没有相变作用发生，因此有：

$$\frac{d\xi}{dt} = \frac{d\xi_S}{dt} = 0 \tag{3-27}$$

Brinson 模型弥补了 Tanaka 模型和 Liang-Rogers 模型的不足之处[133]，因而在土木工程振动控制中得到了广泛应用，但是它的缺点是没有考虑加载速率的影响。

3.3.2　速率相关简化本构模型的建立

由上述可知，Brinson 本构模型虽能比较精确的描述奥氏体 SMA 的力学性能，但是此模型没有考虑加载速率的影响，并非是 SMA 动态本构模型。而研发适用于小雁塔结构的 SMA 复合悬摆减震系统，如果忽略加/卸载速率的影响，将会过高地估计 SMA 材料的耗能能力。此外，对于安装 SMA 复合悬摆减震系统的小雁塔结构振动分析而言，Brinson 本构模型的公式显得烦琐。因此，通常对 SMA 本构模型进行简化，常用的简化模型是四折线简化模型，如图 3-11 所示。

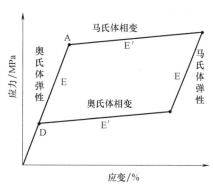

图 3-11　奥氏体 SMA 典型简化本构模型

根据上文 SMA 丝材超弹性力学性能试验可知：SMA 的应力-应变曲线分为加载段和卸载段，而且各段曲线的形状与各影响因素的关系呈现出明显的规律。因此，本书建立 SMA 简化本构模型的总体思路为：首先确定每段曲线的特征点，然后根据力学性能试验统计拟合各特征点的应力、应变与加/卸载速率之间的关系，最后以两特征点间线性应力-应变关系代替原应力-应变曲线，从而构建四折线简化本构模型。

根据力学性能试验，选取力学性能较好的直径为 1.0mm 的 SMA 丝材作为研究对象。则在直径、环境温度及材料参数确定不变的情况下，SMA 的应力 σ、应变 ε 主要受加载幅值和加/卸载速率影响。按如下方法分别考虑加载幅值和加/卸载速率对本构的影响：首先在准静态情况下，研究各特征点应力 σ_i、应变 ε_i 与加载幅值 x 的关系，然后在此基础上以附加应力 $\Delta\sigma_{iv}$、附加应变 $\Delta\varepsilon_{iv}$ 的方式考虑加/卸载速率 v 对各特征点应力 σ_i、应变 ε_i 的影响。则各特征点应力 σ_i、应变 ε_i 与应变幅值 x 和加/卸载速率 v 的关系可按下式确定：

$$\sigma_i = \sigma_{ix} + \Delta\sigma_{iv} \tag{3-28}$$

$$\varepsilon_i = \varepsilon_{ix} + \Delta\varepsilon_{iv} \tag{3-29}$$

$$\sigma_{ix} = f_{i1}(x)\varepsilon_{ix} = g_{i1}(x) \tag{3-30}$$

$$\Delta\sigma_{iv} = f_{i2}(v)\Delta\varepsilon_{iv} = g_{i2}(v) \tag{3-31}$$

则：

$$\sigma_i = f_{i1}(x) + f_{i2}(v) \tag{3-32}$$

$$\varepsilon_i = g_{i1}(x) + g_{i2}(v) \tag{3-33}$$

其中，f_{i1}、f_{i2}、g_{i1}、g_{i2} 为根据各特征点的试验数据经拟合得到表达式；$\Delta\sigma_{iv}$、$\Delta\varepsilon_{iv}$ 分别为加载幅值为 x 时，不同加载速率下的应力、应变与准静态的应力、应变之差。

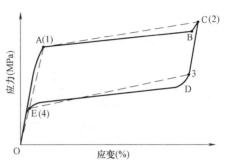

在确定各特征点的应变、应变与应变幅值和加载速率的关系后，可进一步确定简化本构模型的四条直线的斜率：

$$k_1 = \frac{\sigma_1}{\varepsilon_1}, k_2 = \frac{\sigma_2 - \sigma_1}{\varepsilon_2 - \varepsilon_1}, k_3 = \frac{\sigma_3 - \sigma_2}{\varepsilon_3 - \varepsilon_2}, k_4 = \frac{\sigma_4 - \sigma_3}{\varepsilon_4 - \varepsilon_3}$$

$$\tag{3-34}$$

图 3-12 文中奥氏体 SMA 简化本构
特征点示意图

式中，k_1、k_2、k_3、k_4 依次表示 O-1、1-2、2-3、3-4 段的斜率。

最后可得到如图 3-12 中虚线所示速率相关型 SMA 简化四折线本构模型，其表达式如下：

$$
\begin{cases}
\sigma = E\varepsilon = k_1\varepsilon = \dfrac{f_{11}(x) + f_{12}(v)}{g_{11}(x) + g_{12}(v)}\varepsilon & (\text{O}\rightarrow1\ \text{段和}\ 4\rightarrow\text{O}\ \text{段}) \\[3mm]
\sigma = \sigma_1 + \dfrac{f_{21}(x) + f_{22}(v) - f_{11}(x) - f_{12}(v)}{g_{21}(x) + g_{22}(v) - g_{11}(x) - g_{12}(v)}(\varepsilon - \varepsilon_1) & (1\rightarrow2\ \text{段}) \\[3mm]
\sigma = \sigma_2 + \dfrac{f_{31}(x) + f_{32}(v) - f_{21}(x) - f_{22}(v)}{g_{31}(x) + g_{32}(v) - g_{21}(x) - g_{22}(v)}(\varepsilon - \varepsilon_2) & (2\rightarrow3\ \text{段}) \\[3mm]
\sigma = \sigma_3 + \dfrac{f_{41}(x) + f_{42}(v) - f_{31}(x) - f_{32}(v)}{g_{41}(x) + g_{42}(v) - g_{31}(x) - g_{32}(v)}(\varepsilon - \varepsilon_3) & (3\rightarrow4\ \text{段})
\end{cases}
\tag{3-35}
$$

式中 σ_1、ε_1、σ_2、ε_2、σ_3、ε_3 依次为特征点 1、2、3 的应力、应变。

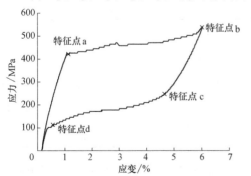

图 3-13 试验本构曲线特征点示例图

按照上述方法确定每条应力-应变曲线的特征点，如图 3-13 所示为直径为 1.0mm，加载幅值为 6%，加/卸载速率为 60mm/min 奥氏体 SMA 本构曲线及其特征点。将加卸载速率为 10mm/min 的情况近似作为准静态情况，整理出在准静态情况下，不同加载应变幅值对应的 4 个特征点的应力、应变试验值，见表 3-6；同时给出不同加/卸载速率对应的特征点的应力、应变试验值见表 3-7～表 3-9。则不同加/卸载速率下，相对准静态时的应力、应变增量即附加应力 $\Delta\sigma_{iv}$ 和附加应 $\Delta\varepsilon_{iv}$ 变见表 3-10～表 3-12 所示。

特征点 1：根据表 3-6 可知特征点 1 在准静态情况下，随应变幅值的增大，应力、应变基本没有变化，取准静态下不同加载应变幅值对应应力、应变的平均值为 σ_{1x}、ε_{1x}；根据表 3-7-表 3-12 可知，特征点 1 的附加应力 $\Delta\sigma_{1v}$、附加应变 $\Delta\varepsilon_{1v}$ 随加/卸载速率的变化较小，因此可取各速率下附加应力、附加应变的平均值作为 $\Delta\sigma_{1v}$、$\Delta\varepsilon_{1v}$。

准静态不同加载幅值下特征点的应力、应变值　　表 3-6

应变幅值	3%		6%		8%	
	应力 σ(MPa)	应变 ε(%)	应力 σ(MPa)	应变 ε(%)	应力 σ(MPa)	应变 ε(%)
特征点 1	432.90	0.905	420.17	0.893	432.90	0.949
特征点 2	541.13	3.003	541.13	6.001	541.13	7.998
特征点 3	254.65	1.896	254.65	4.579	254.65	6.412
特征点 4	120.96	0.176	101.86	0.299	70.03	0.334

应变幅值为 3% 不同加/卸载速率下特征点的应力、应变值　　表 3-7

加/卸载速率	10mm/min		30mm/min		60mm/min		90mm/min	
	应力 σ(MPa)	应变 ε(%)	应力 σ(MPa)	应变 ε(%)	应力 σ(MPa)	应变 ε(%)	应力 σ(MPa)	应变 ε(%)
特征点 1	432.90	0.905	445.63	0.910	458.37	1.060	453.37	0.970
特征点 2	541.13	3.003	522.03	3.085	496.56	3.215	502.20	3.304
特征点 3	254.65	1.896	260.65	2.057	299.21	2.555	292.48	2.579
特征点 4	120.96	0.176	133.69	0.200	127.32	0.194	135.59	0.200

应变幅值为 6% 不同加/卸载速率下特征点的应力、应变值　　表 3-8

加/卸载速率	10mm/min		30mm/min		60mm/min		90mm/min	
	应力 σ(MPa)	应变 ε(%)	应力 σ(MPa)	应变 ε(%)	应力 σ(MPa)	应变 ε(%)	应力 σ(MPa)	应变 ε(%)
特征点 1	420.17	0.893	426.54	0.973	420.17	0.949	420.17	0.967
特征点 2	541.13	6.001	522.03	6.052	502.93	6.096	510.72	6.116
特征点 3	254.65	4.579	280.11	4.743	326.04	4.989	331.94	4.895
特征点 4	101.86	0.299	107.59	0.337	109.59	0.398	118.23	0.349

应变幅值为 8% 不同加/卸载速率下特征点的应力、应变值　　表 3-9

加/卸载速率	10mm/min		30mm/min		60mm/min		90mm/min	
	应力 σ(MPa)	应变 ε(%)	应力 σ(MPa)	应变 ε(%)	应力 σ(MPa)	应变 ε(%)	应力 σ(MPa)	应变 ε(%)
特征点 1	432.90	0.949	439.27	1.021	421.07	1.067	417.44	1.110
特征点 2	541.13	7.998	541.13	8.025	545.69	8.060	552.32	8.102
特征点 3	254.65	6.412	241.92	6.509	278.92	6.881	305.58	6.824
特征点 4	70.03	0.334	89.13	0.352	91.13	0.781	95.49	0.600

应变幅值为 3% 不同加/卸载速率下特征点的附加应力、附加应变值　　表 3-10

加/卸载速率	10mm/min		30mm/min		60mm/min		90mm/min	
	$\Delta\sigma_{iv}$(MPa)	$\Delta\varepsilon_{iv}$(%)	$\Delta\sigma_{iv}$(MPa)	$\Delta\varepsilon_{iv}$(%)	$\Delta\sigma_{iv}$(MPa)	$\Delta\varepsilon_{iv}$(%)	$\Delta\sigma_{iv}$(MPa)	$\Delta\varepsilon_{iv}$(%)
特征点 1	0.00	0.000	12.73	0.005	25.47	0.155	20.47	0.065
特征点 2	0.00	0.000	−19.1	0.082	−44.57	0.212	−38.93	0.301
特征点 3	0.00	0.000	6.00	0.161	44.56	0.659	37.83	683
特征点 4	0.00	0.000	12.73	0.024	6.36	0.018	14.63	0.024

应变幅值为 6%不同加/卸载速率下特征点的附加应力、附加应变值 表 3-11

加/卸载速率	10mm/min		30mm/min		60mm/min		90mm/min	
	$\Delta\sigma_{iv}$(MPa)	$\Delta\varepsilon_{iv}$(%)	$\Delta\sigma_{iv}$(MPa)	$\Delta\varepsilon_{iv}$(%)	$\Delta\sigma_{iv}$(MPa)	$\Delta\varepsilon_{iv}$(%)	$\Delta\sigma_{iv}$(MPa)	$\Delta\varepsilon_{iv}$(%)
特征点 1	0.00	0.000	6.37	0.081	0.00	0.057	0.00	0.074
特征点 2	0.00	0.000	−19.10	0.051	−38.20	0.095	−30.40	0.115
特征点 3	0.00	0.000	25.46	0.164	71.39	0.410	77.30	0.316
特征点 4	0.00	0.000	5.73	0.039	7.73	0.100	16.37	0.050

应变幅值为 8%不同加/卸载速率下特征点的附加应力、附加应变值 表 3-12

加/卸载速率	10mm/min		30mm/min		60mm/min		90mm/min	
	$\Delta\sigma_{iv}$(MPa)	$\Delta\varepsilon_{iv}$(%)	$\Delta\sigma_{iv}$(MPa)	$\Delta\varepsilon_{iv}$(%)	$\Delta\sigma_{iv}$(MPa)	$\Delta\varepsilon_{iv}$(%)	$\Delta\sigma_{iv}$(MPa)	$\Delta\varepsilon_{iv}$(%)
特征点 1	0.00	0.000	6.37	0.072	−11.83	0.118	−15.46	0.161
特征点 2	0.00	0.000	0.00	0.027	4.56	0.062	11.19	0.104
特征点 3	0.00	0.000	−12.73	0.097	24.27	0.469	50.93	0.412
特征点 4	0.00	0.000	19.10	0.018	21.10	0.447	25.46	0.266

特征点 2：根据表 3-6 可知特征点 2 在准静态情况下，随着应变幅值的增大，应变逐渐增大，而应力基本不变，因此，σ_{2x} 可取准静态下不同加载幅值对应应力的平均值；对特征点 2，在准静态时其应变理论上应等于幅值应变，即 $\varepsilon_{2x}=x$。根据表 3-7～表 3-12 可知在一定的应变幅值下，特征点 2 的附加应力 $\Delta\sigma_{2v}$ 随加/卸载速率的变化较小，因此可取各速率下附加应力的平均值作为 $\Delta\sigma_{2v}$，应变取应变幅值。

特征点 3：根据表 3-6 可知特征点 3 在准静态情况下，随着应变幅值的增大，应变逐渐增大，而应力基本不变，因此，σ_{3x} 可取准静态下不同加载幅值对应应力的平均值；ε_{2x} 与 x 可近似按线性关系表示：$\varepsilon_{3x}=c_3x+d_3$，根据实验数据由最小二乘法，可得到 $c_3=0.9026$，$d_3=0.8192$；根据表 3-7～表 3-12 可知特征点 3 的附加应变 $\Delta\varepsilon_{3v}$ 随加/卸载速率的变化较小，因此可取各速率下附加应变的平均值作为 $\Delta\varepsilon_{3v}$；经分析，$\Delta\sigma_{3v}$ 与 v 可近似按幂次函数表示：$\Delta\sigma_{3v}=e_3v^{f_3}+g_3$，根据试验数据分别拟合得到不同应变幅值下上述表达式的系数，并取均值可得到 $e_3=34.9553$，$f_3=0.3376$，$g_3=-77.7637$。

特征点 4：根据表 3-6 可知特征点 4 在准静态情况下，随应变幅值的增大应力、应变逐渐增大，因此，σ_{4x}、ε_{4x} 与 x 可近似按线性关系来拟合，即 $\sigma_{4x}=a_4x+b_4$，$\varepsilon_{4x}=c_4x+d_4$，根据实验数据由最小二乘法拟合，可得到 $a_4=-9.884$，$b_4=153.626$，$c_4=0.0324$，$d_4=0.0862$；根据表 3-7～表 3-12 可知在一定的应变幅值下，特征点 4 的附加应变 $\Delta\varepsilon_{4v}$ 随加/卸载速率的变化较小，因此可取各速率下附加应变的平均值作为 $\Delta\varepsilon_{4v}$；$\Delta\sigma_{4v}$ 与 v 可近似按线性关系表示：$\Delta\sigma_{4v}=e_4v+f_4$，根据试验数据分别拟合不同应变幅值下上述表达式的系数，取均值可得 $e_4=0.1883$，$f_4=-1.485$。

由上述统计分析可确定简化的本构模型每一段的特征点表达式及本构表达式：

(1) O-1 段及 4-O 段：$\sigma_1=426.33$MPa，$\varepsilon_1=0.96$；

则，O-1 段本构表达式为：

$$\sigma = E\varepsilon \tag{3-36}$$

式中，奥氏体弹性模量 $E = \sigma_1/\varepsilon_1 = 443.56\text{MPa}$。

（2）1-2 段：实际中，加载过程无法预先确定 SMA 的应变幅值。由 SMA 丝的材性可知，不同应变幅值及不同加载速率下，马氏体相变应力变化不大，且实际应用中应变一般达不到 8%，因此，构建简化本构模型时认为应变幅值和加载速率对马氏体相变段无影响。则根据表 3-4 可统计出应变幅值为 8% 时第二特征点应力 $\sigma_2 = 526.58\text{MPa}$，由此可确定应变幅值为 8% 时 1-2 段的斜率为 $k_2 = 14.24\text{MPa}$。则不同幅值和不同加载速率下第二个特征点的应力、应变：

$$\varepsilon_2 = x \tag{3-37}$$

$$\sigma_2 = k_2(x - \varepsilon_1) + \sigma_1 \tag{3-38}$$

则，将 σ_1、ε_1、σ_2、ε_2 依次代入式（3-34）及式（3-35）第 2 个表达式即可确定 1-2 段的表达式。

（3）2-3 段：根据前述的统计分析可得特征点 3 的应力、应变与加载幅值及加/卸载速率的关系为：

$$\sigma_3 = 176.8842 + 34.9553v^{0.3376} \tag{3-39}$$

$$\varepsilon_3 = 0.9026x - 0.5967 \tag{3-40}$$

则，将 σ_2、ε_2、σ_3、ε_3 依次代入式（3-34）及式（3-35）第 3 个表达式即可确定 2-3 段的表达式。

（4）3-4 段：根据前述的统计分析可得特征点 4 的应力、应变与加载幅值及加/卸载速率的关系为：

$$\sigma_4 = -9.8844x + 0.1883v + 152.1414 \tag{3-41}$$

$$\varepsilon_4 = 0.0324x + 0.1333 \tag{3-42}$$

则，将 σ_3、ε_3、σ_4、ε_4 依次代入式（3-34）及式（3-35）第 4 个表达式即可确定 3-4 段的表达式。

3.3.3　速率相关简化本构模型的模拟

根据上文建立的奥氏体 SMA 材料的速率相关型分段式超弹性本构模型的相关公式，利用 MATLAB2013b 软件，编制了速率相关型分段式简化本构模型的计算机分析程序，并进行了相应的数值模拟分析。此处给出直径为 1.0mm，加载幅值为 6% 时奥氏体 SMA 丝在不同加/卸载速率下的试验应力-应变曲线与 MATLAB 计算机程序模拟得到曲线的比较图，如图 3-14 所示。

从图中可以看出，试验结果与计算机模拟结果基本吻合，说明文中所建立的速率相关型简化本构模型可以基本描述 SMA 材料在应力诱发相变过程中的超弹性力学行为，能够反映加/卸载速率和应变幅值等主要因素对这种材料超弹性力学行为的影响，而且模型结构形式简单，没有复杂的函数计算，可用于 SMA 材料的仿真计算与动力分析。

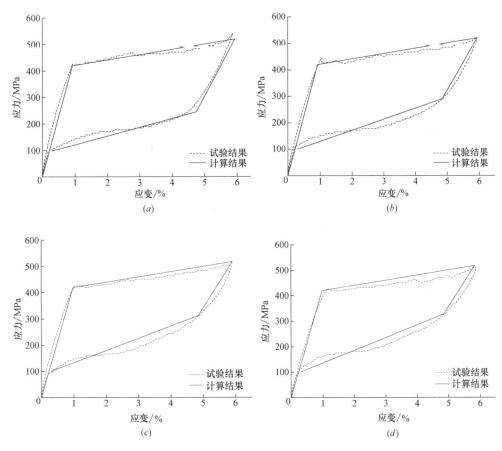

图 3-14 不同加载速率下试验本构曲线与简化本构曲线比较
(a) 10mm/min 试验与仿真比较；(b) 30mm/min 试验与仿真比较；
(c) 60mm/min 试验与仿真比较；(d) 90mm/min 试验与仿真比较

3.4 基于遗传算法优化的 SMA 神经网络本构模型

3.4.1 人工神经网络工作原理

人工神经网络（Artificial Neural Networks，ANN）是由大量人工神经元广泛互连而组成的，它是生物神经网络的一种模拟和近似，可用来模拟脑神经系统的结构和功能[134]，其高效的非线性处理优势在土木工程领域得到了广泛应用，特别在损伤探测、本构预测及振动控制领域的研究、应用较为深入。神经网络的工作过程主要分为两个阶段：第一阶段是学习期，此时各计算单元状态不变，各连接权值可通过学习来修改；第二阶段是工作期，此时各连接权固定，计算单元变化，以达到某种稳定状态[135,136]。神经网络具有代表性的模型有：感知机神经网络、线性神经网络、BP 网络、径向基神经网络、自组织网络和反馈网络等[137-139]。

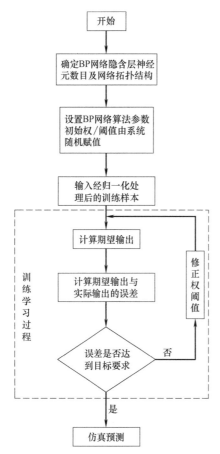

图 3-15　BP 网络算法流程图

BP 网络是一种利用误差反向传播训练算法的神经网络，是目前应用较多的一种神经网络形式它是一种由输入层、隐含层和输出层组成的多层前馈网络[140]，典型的 BP 网络算法流程如图 3-15 所示。含一个隐含层的 BP 网络的正向和反向传播两阶段的计算原理如下[141]：

（1）BP 网络的前馈计算（正向传播阶段）

隐含层的第 i 个神经元在样本 p 作用下的输入为：

$$net_i^p = \sum_{j=1}^{M} w_{ij} x_j^p - \theta_i \qquad (i=1,2,\cdots,q) \tag{3-43}$$

隐含层第 i 个神经元的输出为：

$$o_i^p = \varphi_1(net_i^p) \qquad (i=1,2,\cdots,q) \tag{3-44}$$

输出层第 k 个神经元的总输入为：

$$\begin{aligned}
net_k^p &= \sum_{i=1}^{q} w_{ki} o_i^p - \theta_k \\
&= \sum_{i=1}^{q} w_{ki} \varphi_1\Big(\sum_{j=1}^{M} w_{ij} x_j^p - \theta_i\Big) - \theta_k \quad (k=1,2,\cdots,L)
\end{aligned} \tag{3-45}$$

输出层第 k 个神经元的输出为：

$$o_k^p = \varphi_2(net_k^p) = \varphi_2\Big(\sum_{i=1}^{q} w_{ki} \varphi_1\big(\sum_{j=1}^{M} w_{ij} x_j^p - \theta_i\big) - \theta_k\Big) \qquad (k=1,2,\cdots,L) \tag{3-46}$$

其中，x_j^p 和 o_i^p 分别为输入节点 j 在样本 p 作用时的输入和输出；w_{ij} 为输入层神经元 j 与隐含层神经元 i 之间权值；w_{ki} 为隐含层神经元 i 与输出层神经元 k 之间的权值；θ_i 和 θ_k 分别为隐含层神经元 i 和输出层神经元 k 的阈值；φ_1 和 φ_2 分别为隐含层和输出层神经元的激活函数；M 为输入层的神经元个数，q 为隐含层的神经元个数。

（2）BP 网络权/阈值系数的调整规则（反向传播阶段）

对于每一样本 p 的输入模式对的二次型误差函数为：

$$J_p = \frac{1}{2} \sum_{k=1}^{L} (t_k^p - o_k^p)^2 \tag{3-47}$$

则系统对所有 N 个训练样本的总误差函数为：

$$J = \sum_{p=1}^{N} J_p = \frac{1}{2} \sum_{p=1}^{N} \sum_{k=1}^{L} (t_k^p - o_k^p)^2 \tag{3-48}$$

式中，N 为模式样本对数；L 为网络输出节点数。

输出层权/阈系数的调整过程按 J_p 函数梯度变化的反方向调整，使网络逐渐收敛。根据梯度法，可得输出层每个神经元权/阈系数的修正量公式为：

$$\Delta w_{ki} = -\eta \frac{\partial J_p}{\partial w_{ki}} = -\eta \frac{\partial J_p}{\partial net_k^p} \cdot \frac{\partial net_k^p}{\partial w_{ki}} \tag{3-49}$$

$$-\frac{\partial J_p}{\partial net_k^p} = -\frac{\partial J_p}{\partial o_k^p} \cdot \frac{\partial o_k^p}{\partial net_k^p} = (t_k^p - o_k^p) \cdot \varphi_2'(net_k^p) \tag{3-50}$$

定义：$\delta_k^p = -\dfrac{\partial J_p}{\partial net_k^p} = (t_k^p - o_k^p) \cdot \varphi_2'(net_k^p)$

又由式（3-45）可得：

$$\frac{\partial net_k^p}{\partial w_{ki}} = \frac{\partial}{\partial w_{ki}} \left(\sum_{i=1}^{q} w_{ki} o_i^p - \theta_k \right) = o_i^p \tag{3-51}$$

则，可得输出层任意神经元 k 的权/阈系数修正量公式为：

$$\Delta w_{ki} = \eta \delta_k^p o_i^p = \eta o_i^p (t_k^p - o_k^p) \varphi_2^p(net_k^p) \tag{3-52}$$

隐含每个神经元权/阈系数的修正量公式为：

$$\Delta w_{ij} = -\eta \frac{\partial J_p}{\partial w_{ij}} = \eta \delta_i^p o_j^p = \eta o_j^p \frac{\partial J_p}{\partial o_i^p} \varphi_1'(net_i^p) \tag{3-53}$$

由于隐含层一个单元输出的改变会影响与该单元相连接的所有输出单元的输入，即：

$$-\frac{\partial J_p}{\partial o_i^p} = -\sum_{k=1}^{L} \frac{\partial J_p}{\partial net_k^p} \cdot \frac{\partial net_k^p}{\partial o_i^p} = -\sum_{k=1}^{L} \frac{\partial J_p}{\partial net_k^p} \cdot \frac{\partial}{\partial o_i^p} \left(\sum_{i=1}^{q} w_{ki} o_i^p - \theta_k \right) \tag{3-54}$$

$$= \sum_{k=1}^{L} \left(-\frac{\partial J_p}{\partial net_k^p} \right) \cdot w_{ki} = \sum_{k=1}^{L} \delta_k^p \cdot w_{ki} \tag{3-55}$$

则有 $\delta_i^p = -\dfrac{\partial J_p}{\partial o_i^p} \varphi_1'(net_i^p) = \left(\sum\limits_{k=1}^{L} \delta_k^p \cdot w_{ki} \right) \varphi_1'(net_i^p)$

因此隐含层的任意神经元 i 的权/阈系数修正量公式为：

$$w_{ij} = \eta \delta_i^p o_j^p = \eta o_j^p \left(\sum_{k=1}^{L} \delta_k^p \cdot w_{ki} \right) \varphi_1'(net_i^p) \tag{3-56}$$

如果学习过程按使误差函数 J 减小最快的方向调整权/阈系数，采用类似的推导过程可得输出层和隐含层的任意神经元 k 和 i 在所有样本作用时的加权系数修正量公式为：

$$\Delta w_{ki} = \eta \sum_{k=1}^{L} \delta_k^p o_i^p = \eta \sum_{k=1}^{L} o_i^p (t_k^p - o_k^p) \varphi_2'(net_k^p) \tag{3-57}$$

$$\Delta w_{ii} = \eta \sum_{k=1}^{L} \delta_i^p o_j^p = \eta \sum_{k=1}^{L} o_j^p \left(\sum_{k=1}^{L} \delta_k^p \cdot w_{ki} \right) \varphi_1'(net_i^p) \tag{3-58}$$

式中，o_k^p 为输入节点 k 在样本 p 作用时的输出；o_i^p 为隐含层节点 i 在样本 p 作用时的输出；t_k^p 为在样本 p 输入/输出对作用时输出节点 k 的目标值。

（3）BP 网络算法的缺点

1）神经元的权/阈值 w_{ki} 和 w_{ij} 初值对训练结果有非常大的影响，默认情况下，神经网络的权/阈值初值由系统随机给定，每次进行训练的权/阈值初值并不相同，因此训练后得到的神经网络最终权/阈值及模型都有差异，尤其是当训练数据较少时，这种差异非常明显，可能出现两次训练得到的神经网络模型完全不同的结果。

2）当 BP 网络的训练数据较多时，网络的训练收敛速度过慢。

3）网络的另一个问题是学习过程中系统可能陷入某些局部最小值，或某些静态点，或在这些点之间振荡。在这种情况下，不管进行多少次迭代，系统都存在较大误差。

3.4.2　遗传优化 BP 网络算法

为了克服 BP 网络的缺点，同时为研发适用于小雁塔结构的 SMA 复合悬摆减震系统提供较准确的本构模型，有必要对 BP 网络进行优化改进。遗传算法采用以概率变迁指导其全局搜索的方向，而人工神经网络具有自学习的能力，将遗传算法与人工神经网络相结合，充分利用两者的优点，使新算法既有神经网络的鲁棒性和自学习能力，又具有遗传算法的全局搜索能力。因此，采用遗传算法训练已知 BP 网络，优化 BP 网络神经元权/阈值的初值，从而达到对 BP 网络优化的目的，其主要思想为：利用遗传算法在权/阈值的整个可取值范围内搜索最佳的初始权/阈值，使得 BP 网络在最佳初始权/阈值下，经网络训练后的误差最小。该算法的特点在于遗传算法可在非线性、复杂多峰以及不可微的空间中实现全局并行搜索，不需要有关误差函数的梯度信息，具有独特的适应性。经遗传算法得到稳定的最优初始权/阈值，既可避免因初始权/阈值的不同导致训练后 BP 网络的差异性，也可避免由于初始权/阈值取值不当引起的 BP 网络振荡而不收敛的问题。基于遗传算法优化的奥氏体 SMA 神经网络本构模型仿真的主要步骤如下：

（1）对 BP 网络初始权/阈值向量进行编码，随机产生对应一组与初值权/阈值相对应的初始种群。

（2）计算输入训练样本的误差函数值，以误差平方和作为目标函数，以此作为评价 BP 网络初始权/阈值优劣的依据。误差越小，则适应度函数值越大，说明对应的一组初始权/阈值越优。

（3）根据遗传算法原理，选择适应度较大的个体遗传给下一代。

（4）进行交叉、变异等遗传算法操作，对种群进行进化。

（5）重复（2）～（4）步骤，直至达到设定的遗传算法目标条件，完成寻优过程，得到最优 BP 初始权/阈值。

（6）将遗传算法得到的最优权/阈值作为 BP 网络的初始权/阈值，并进行网络训练，得到基于遗传算法的 BP 网络。

（7）将检验数据输入到优化后的 BP 网络，得到期望的输出值，与实际的输出值进行比较，进行误差分析。

遗传算法优化 BP 网路初始权/阈值的流程图，如图 3-16 所示。

3.4.3　遗传优化 BP 网络本构模型仿真

根据 BP 定理、Kolmogorov 定理和 Robert Hechi Nielson 都证明了对于任何闭区间的一个连续函数，只要隐含层的神经元个数足够，可用一个隐含层的 BP 网络来实现任意精度的逼近[142]。因此文中选用三层 BP 网络（即含一个输入层，一个输出层和一个隐含层）来建立奥氏体 SMA 神经网络本构模型。

（1）确定 BP 网络结构

① 输入层神经元个数：由上文可知当 SMA 丝的直径一定时，循环稳定后的 SMA 本构关系主要受加载速率和加载历史的影响，因此可确定如下变量作为 BP 网络的输入神经元：

$$x_1 = v, x_2 = \sigma_{t-2}, x_3 = \varepsilon_{t-2}, x_4 = \sigma_{t-1}, x_5 = \varepsilon_{t-1}, x_6 = \varepsilon_t$$

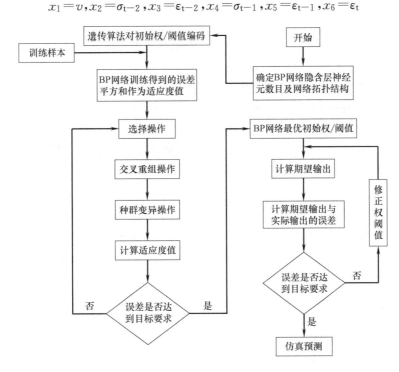

图 3-16 遗传算法优化 BP 网络流程图

其中，v 表示某种工况下的加载速率；σ_i、ε_i 分别表示 i 时刻的应力和应变。

② 输出层神经元个数：SMA 本构模型所要求的变量为 t 时刻的应力，因此确定 $y = \sigma_t$ 作为 BP 网络的输出神经元。

③ 隐含层神经元个数：隐含层神经元数目问题是神经网络中一个有待解决的复杂问题，目前尚没有一个统一的认识，本书采用估算方法[59]确定隐含层数目：

$$h = \max\{m \times (n+1), m \times 3\} \quad (3\text{-}59)$$

式中，h，m，n 分别为隐含层神经元个数、输入层神经元个数和输出层神经元个数。因此，SMA 本构的 BP 网络结构的隐含层神经元个数 h 取为 20 个。

④ 确定神经元的激活函数：选择不同的激活函数，结果的误差不同。为提高 BP 网络的精度和效率，可根据文献 [143] 确定神经元的激活函数。BP 网络隐含层神经元的激活函数选择为 logsig，输出层神经元的激活函数为 purelin。

由此，可确定 SMA 本构模型的 BP 网络拓扑结构为 6-20-1，如图 3-17 所示。

（2）训练样本采集与处理

神经网络的训练样本对网络的性能及实际

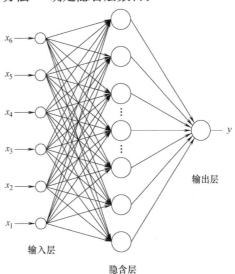

图 3-17 奥氏体 SMA 本构的 BP 网络
拓扑结构

应用效果具有至关重要的影响。它影响到神经网络的训练收敛速度、网络结构的复杂性和网络泛化能力等[144]。

训练样本收集可分为两步完成。第一步，根据现实工程案例的实践记录和科研试验数据采集训练数据。由第 3.1 节中奥氏体 SMA 材性试验结果，选取直径为 1.0mm 应变幅值为 6% 的 4 种不同加载速率的工况作为检验数据，其中加载速率分别为：10mm/min、30mm/min、60mm/min 和 90mm/min，其余直径为 1.0mm 的 8 种工况为训练数据。

第二步，训练数据进行归一化处理得到训练 BP 网络所需的样本。归一化旨在归纳统一样本的统计分布性，改善其分布规律，具体是消除均值，去相关性以及均方差均衡。BP 网络的隐含层神经元采用 sigmoid 激活函数，此函数在函数值为 0、1 附近为饱和区，函数值变化非常缓慢，归一化处理可防止输入数据绝对值过大而进入饱和区。

（3）遗传算法优化参数确定

遗传算法优化初始权/阈值的 BP 网络与未优化 BP 网络的网络结构及训练/测试样本均相同，两者的不同之处在于初始权/阈值不同。由 BP 网络的结构可知，BP 网络的待确定权值有 $6 \times 20 + 20 \times 1 = 140$ 个，待确定的阈值有 $20 + 1 = 21$ 个，因此遗传算法的变量为所有权值和阈值，变量总数为 161 个。由于权/阈值取值可以是任意实数，为提高遗传算法的精度和效率，采用实值编码型遗传算法，则遗传算法染色体长度为 161。目标函数为由训练样本输入所得期望的输出与实际输出的误差平方和。遗传算法其他参数设置如下：初始种群数目为 40；采用随机遍历采样选择函数，代沟为 0.9；选择中间重组交叉算子；采用实值变异算子，变异概率为 0.01；最大遗传代数为 50 代。

（4）本构模型仿真结果比较

创建奥氏体 SMA 的 BP 网络模型和经遗传优化的 BP 网络模型。利用 matlab2013b 神经网络工具箱及谢菲尔德大学开发的 gatbx 遗传算法工具箱，编写仿真程序代码。将上述工况的最后一圈的数据作为 BP 网络的训练样本。BP 网络的训练函数选为 trainlm，最大训练次数为 1000 次，目标误差为 10^{-5}，学习速率为 0.1。运行程序可得 BP 网络的拓扑结构如图 3-18 所示，最小误差平方和为 1.4344。

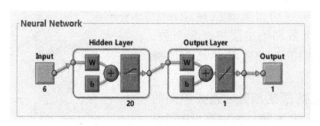

图 3-18　BP 网络本构模型拓扑结构

比较未优化与优化的 BP 网络模型的精度。将 4 组经归一化处理的检验数据的输入数据依次输入到经过训练的 BP 网络和经过训练的优化 BP 网络，分别得到期望输出。依次将两组期望输出与检验数据中的输出数据（即实际输出）比较，进行误差分析，并比较两种本构模型的精度。

由图 3-19 可知，未经遗传算法优化的 BP 网络，其初始权/阈值由系统随机性确定，从而使每次训练学习后的 BP 网络存在较大差异，选择预测结果较好的未优化与优化后的

BP 网络进行预测精度的对比。此处仅比较直径为 1.0mm，加载幅值为 6% 时，不同加载速率下，不同本构模型的预测精度，如图 3-20～图 3-23 所示。两种 BP 网络模型的预测平均绝对误差 E_P、E_{GP} 为：

$$E_P = \frac{1}{n}\sum_{i=1}^{n}\frac{|Y-Y_P|}{Y} = 2.72\%$$
(3-60)

$$E_{GP} = \frac{1}{n}\sum_{i=1}^{n}\frac{|Y-Y_{GP}|}{Y} = 2.13\%$$
(3-61)

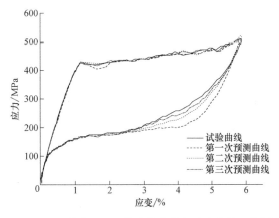

图 3-19 未优化 BP 网络本构曲线与试验曲线比较图

其中，Y 为试验应力，Y_P 为 BP 网络本构模型预测的应力，Y_{GP} 为优化的 BP 网络本构模型预测的应力。

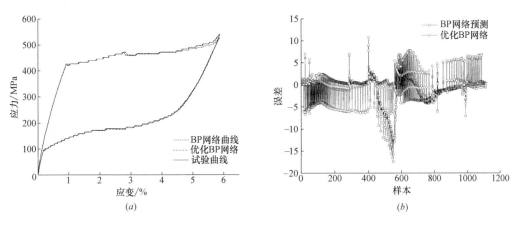

图 3-20 加载速率 10mm/min 试验与仿真结果对比图
(a) 本构曲线比较；(b) 误差比较

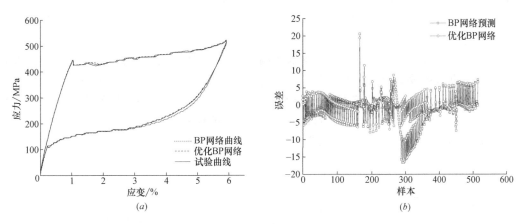

图 3-21 加载速率 30mm/min 试验与仿真结果对比图
(a) 本构曲线比较；(b) 误差比较

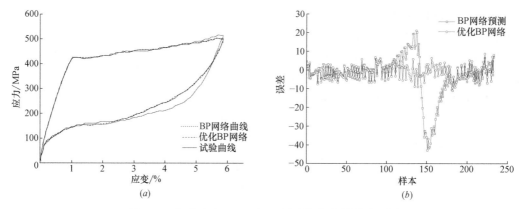

图 3-22　加载速率 60mm/min 试验与仿真结果对比图

（*a*）本构曲线比较；（*b*）误差比较

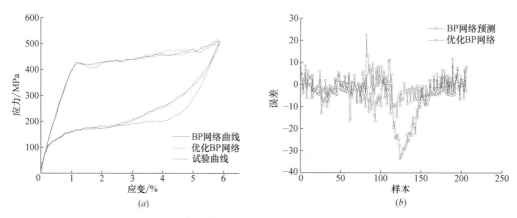

图 3-23　加载速率 90mm/min 试验与仿真结果对比图

（*a*）本构曲线比较；（*b*）误差比较

对比结果可知：

（1）随加载速率的变化，经优化后的 BP 网络本构模型预测效果明显好于未优化的 BP 网络，预测平均绝对误差仅为 5.13％。说明本书中提出的基于遗传算法优化神经网络中神经元权/阈值的 SMA 本构模型，能够很好地描述 SMA 超弹性性能随加载速率的变化，预测 SMA 在反复荷载作用下的超弹性恢复力，是一种良好的速率相关型动态本构模型，且明显比简化本构曲线更接近 SMA 真实情况。

（2）经遗传算法优化后的 BP 网络本构精度高于未优化 BP 网络。未优化的 BP 本构曲线与试验曲线的误差分布较为分散，经遗传算法优化后误差分布较为集中，且预测曲线的绝对最大误差比未优化的绝对最大误差要小；更为重要的是，把优化得到的最优初始权/阈值，代替系统随机赋值的初始权/阈值，使得 BP 网络每次运行具有固定的最优初始权/阈值，能得到稳定的 BP 本构模型。

3.5　本章小结

本章研究了奥氏体 SMA 的本构模型，基于文中 SMA 的材性试验，建立了两种速率相关型动态本构模型，分别为速率相关型简化本构模型和基于遗传算法优化的神经网络本构模型，并分别对两种本构模型的超弹性曲线进行仿真。可得到以下主要结论：

（1）基于唯象理论的 Brinson 本构模型是奥氏体 SMA 的经典本构模型，但该模型无法反映加载速率对 SMA 超弹性性能的影响，且由于模型表达式复杂，不便于实际工程应用。

（2）提出了一种以本构曲线特征点为基础的速率相关型本构模型，以材性试验数据为基础，通过统计方法，拟合出本构曲线上四个特征点处应力、应变与加载速率、加载幅值之间的关系，相邻特征点间曲线段均以线性段代替，从而建立速率相关型四折线简化本构模型。通过对该简化模型进行仿真计算，结果表明简化曲线能基本描述加载速率对 SMA 超弹性的影响，而且该模型公式简单，仿真运行速度快，便于工程应用。

（3）以材性试验的试验数据作为 BP 网络的训练样本/检测样本，建立了基于遗传算法优化神经网络中神经元权/阈值的本构模型。仿真结果表明，遗传优化 BP 网络预测的本构曲线与试验曲线吻合非常好，平均绝对误差小，精度明显高于简化本构模型，该模型可很好地反映加载速率对 SMA 超弹性性能的影响，是一种精度较高的速率相关型超弹性本构模型，为后续研发适用于小雁塔结构的 SMA 复合悬摆减震系统提供了基础。

第4章 基于小雁塔保护的 SMA-SPDS 有效性分析及优化设计

4.1 概述

小雁塔作为世界文化遗产在古塔结构领域具有特殊的历史意义和文化内涵，然而长期的自然灾害和人为破坏对其结构造成了不可逆转的损伤，而地震的袭击对古塔结构的破坏是致命的。由于小雁塔属于历史建筑，具有特殊的结构性，传统的减震和加固方法很难在古塔结构中起到应有的作用。

本章针对小雁塔这一特殊的结构形式，设计研发了两种 SMA 复合悬摆减震系统（Shape Memory Alloy-Suspension Pendulum Damping System，简写为 SMA-SPDS），根据小雁塔结构的动力特性，可将 SMA-SPDS 灵活地布置在塔身的不同位置；通过振动台试验对该减震系统进行试验研究，并利用相位分析法对其有效性进行了验证；同时，以多自由度体系的模态分析为基础，将小雁塔结构解耦为多个单自由度体系，将模态质量和模态刚度等参数转换成等效质量和等效刚度，在物理坐标中建立非耦联模型，然后利用定点理论，实现 SMA-SPDS 的最优控制，为小雁塔模型结构振动台试验提供参考。

4.2 SMA-SPDS 设计原理

4.2.1 SMA-SPDS 设计理念

古塔类历史建筑与现代建筑不同，对其进行减震保护应遵循古建筑保护修复的原则，不能对其进行大面积的破坏性加固，所以利用外加阻尼减震装置对古塔结构进行减震加固是比较理想的方法。国内学者已有此领域研究，如赵祥[45]设计了一种形状记忆合金阻尼器，制定了对广州怀圣寺光塔的减震加固方案，并制作模型进行了振动台试验。然而该方案是将 SMA 阻尼器置于光塔外部，且需要在塔身表面开设多条槽道用于塔顶钢索与塔底阻尼器的连接。这种方法虽然能对古塔减震起到一定的作用，但是严重破坏了古塔的结构，改变了古塔的原貌，使其丧失了原有的艺术价值和文学价值。本书摒弃这种"粗犷式"的加固方式，以最大限度保护古塔原貌为前提，同时考虑古塔结构的特殊性，开发适用于古塔结构的减震系统。

悬摆减震体系是一种可设置于古塔结构内部的减震系统。但是，若单独将悬摆减震体系设置于古塔结构内部楼板上，悬摆减震体系由于自身特点对古塔结构起到的减震作用较小。故若将悬摆减震体系与 SMA 丝相结合，利用丝-钢索与古塔结构内部连接，研发性能良好的 SMA-SPDS，则可将悬摆减震体系的惯性力通过丝-钢索传递给古塔结构，同时还能利用 SMA-SPDS 中的 SMA 丝提供阻尼，达到消能减震的目的，从而比较明显地减小古塔结构的地震响应。

4.2.2 SMA-SPDS 构造设计

利用 SMA 丝的相变伪弹性，结合悬摆减震原理，设计了形状记忆合金复合悬摆减震系统，如图 4-1 所示。SMA-SPDS 主要由质量振子、摆杆、单向铰、滑块、SMA 丝、挡板及转向滑轮等构成。构造设计如下：采用单向铰（9）作为摆杆（1）上端的连接点，单向铰垂直于摆动平面，摆杆上端设置穿入孔，可自由穿入单向铰转轴，转轴两端设置螺纹，限值转轴位置；中间足够光滑，以保证摆杆自由转动；摆杆下端与质量振子（2）中心处的螺孔相连，质量振子上对称设置多个安装点，方便调整质量；SMA 丝（5）穿过挡板（10）与滑块（8）相连，预拉反力由挡板提供，预拉后滑块与挡板紧贴，SMA 丝经过底部转向滑轮（6）后利用丝索转换头（3）与钢索（4）连接；钢索经过上部转向滑轮（7）转向，最后由钢索通道穿出装置与结构固定连接。

以一次循环为例来说明 SMA-SPDS 的工作原理和过程：当地震作用较小时，质量振子不与滑块接触，可以自由摆动，通过刚性外壁将反向的惯性力作用于结构之上；当塔身受地震影响较大时，质量振子与滑块一起运动，若结构向右振动时，质量振子将向左摆动，并带动右侧滑块沿水平滑道运动，拉动右侧 SMA 丝产生相对位移 $\Delta\varepsilon$，此时左侧的 SMA 丝仍处于静止状态，当质量振子恢复到平衡位置时，SMA 丝回到初始预拉状态，右侧 SMA 丝经历了一个耗能循环过程，形成比较饱满的滞回曲线，实现了对结构的消能减

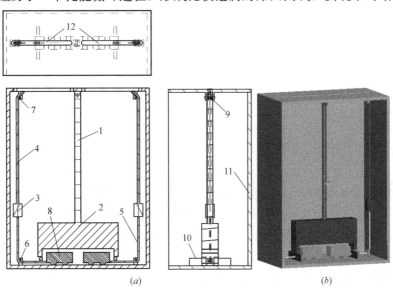

(a)　　　　　　　　　　(b)

图 4-1　SMA-SPDS 构造图

(a) 构造详图；(b) 立体结构图

1—摆杆；2—质量振子；3—丝索转换头；4—钢索；5—SMA；6—底部转向滑轮；

7—上部转向滑轮；8—小车；9—单向铰；10—挡板；11—外壳；12—钢索通道

震，同时质量振子的惯性力通过钢索反作用到结构上，对结构的地震响应产生抑制作用，从而使结构的地震响应得到衰减。同理，质量振子向右运动时的原理相同。

　　SMA-SPDS 在古塔结构内部的设置可分为钢索顶部连接和钢索底部连接两种方法，如图 4-2 所示。顶部连接：该方法是将 SAM 丝通过丝-索转换接头与钢索连接，经过 SMA-SPDS 底部和顶部的转向滑轮两次转向后固定于古塔结构的上部楼板。底部连接：该方法是将 SAM 丝通过丝-索转换接头与钢索连接，经过 SMA-SPDS 底部和顶部的转向滑轮转向后固定于结构的底板处。由于 SMA-SPDS 体积较小且布置灵活，因此在古塔结构内部可以有多种不同位置和不同连接方法的组合设置方案。如：沿/垂直券洞方向顶部连接、多方向顶部连接、多方向底部连接及多方向混合连接等方法，可根据古塔结构类型和保护需要，选择比较好的工程优化布置方式。其中顶部链接法是将塔内上下两层的楼板通过丝-钢索连接，当在塔内可以连续布置多个 SMA-SPDS 时，可使古塔结构自上而下连接成为一个整体，有效提高古塔结构的整体性。

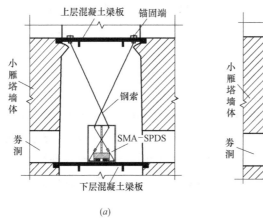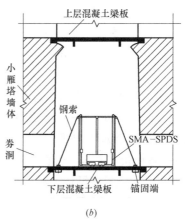

(a) $\qquad\qquad\qquad\qquad\qquad\qquad\qquad$ (b)

图 4-2　SMA-SPDS 在小雁塔内设置图

(a) 上部连接；(b) 底部连接

4.3　SMA-SPDS 性能分析

　　通常情况下，验证减震系统在结构振动中的效果有两种方法：通过比较结构设置和未设置减震装置前后结构的地震响应能量的分布情况；通过比较结构设置和未设置减震装置前后结构的阻尼比来衡量减震装置的减震效果。然而，这两种方法是宏观意义上的考察，无法反映结构与装置之间实时的作用过程。因此，为了研究 SMA-SPDS 的减震效果，并为后文的研究提供参考，有必要对小雁塔结构与减震系统之间的相互运动进行分析，即 SMA-SPDS 与小雁塔结构在时域中某时间段内相对位置的分析。

4.3.1　相位分析的原理

　　对调谐质量阻尼器与结构之间的相互运动关系通常采用相位分析来进行研究。Soong

和 Dargush[145]研究了简谐激励作用下调谐质量阻尼器单自由度系统的相位概念，同时提出当调谐质量阻尼器相对位移滞后主结构 90°相位差时，结构转移到阻尼器的能量最大；张力[146]提出调谐质量阻尼器主结构的速度相位与装置相对主结构位移相位为 180°时减震效果最佳；张俊平等[147]提出在正弦荷载激励下，调谐质量阻尼器作用在结构上的力和外激励输入相位满足 180°相位差时，减震装置才起作用，降低结构响应。

为说明 SMA-SPDS 在小雁塔结构遭受地震作用时的减震效果，本书应用上述文献研究成果，将 SMA-SPDS 与小雁塔结构的相互运动位置关系归纳为四种情况，如图 4-3 所示，减震系统产生的等效作用力与结构的运动关系如图 4-4 所示。

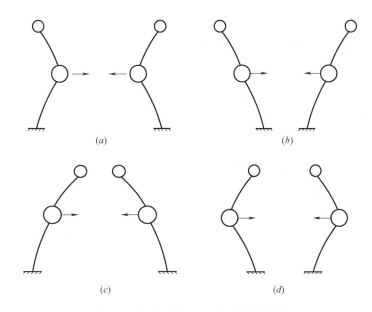

图 4-3　SMA-SPDS 与结构位置关系图

(a) $x_1 \times x_2 < 0$，$x_2 \times \dot{x}_2 > 0$；(b) $x_1 \times x_2 > 0$，$x_2 \times \dot{x}_2 < 0$

(c) $x_1 \times x_2 > 0$，$x_2 \times \dot{x}_2 > 0$；(d) $x_1 \times x_2 < 0$，$x_2 \times \dot{x}_2 < 0$

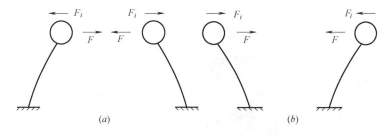

图 4-4　SMA-SPDS 与结构运动关系图

(a) 状态 I；(b) 状态 II

图 4-3 中 x_1 表示 SMA-SPDS 相对小雁塔结构的位移向量，x_2 为结构位移向量，$\dot{x}_2$ 为结构速度向量。由图 4-4（a）对应图 4-3 中的（a）、（b）状态，即当 $x_1 \times x_2 < 0$ 时，SMA-SPDS 相对结构位移与结构运动速度反向，等效作用力也与结构速度反向；由图 4-4

（*b*）对应图 4-3 中的（*c*）、（*d*）状态，即当 $x_1 \times x_2 > 0$ 时，SMA-SPDS 相对结构位移与结构运动速度同向，等效作用力与结构速度方向相同。

根据以上的分析可知，若使 SMA-SPDS 起到应有的减震效果，应使小雁塔结构在外荷载作用下的速度响应与 SMA-SPDS 中质量振子的相对位移响应之间满足一定的相位差。当相位差为 180°时，SMA-SPDS 相对小雁塔结构的位移与结构速度方向完全相反，等效作用力 F 与结构速度方向相反，此时减振效果最好；当相位差为 0°时，即 SMA-SPDS 相对小雁塔结构的位移与结构速度方向完全相同，等效作用力 F 与结构速度方向完全相同，此时减振效果最差，甚至起到相反的作用。这一判断对于阻尼器的减振有效性分析很有意义，对于实际结构而言，通过其速度和装置的相对结构位移数据，进行相位计算，可获得该装置的实际有效性。

4.3.2　SMA 复合悬摆减震系统试验研究

（1）试验工况及设备

为了研究针对小雁塔结构设计的 SMA-SPDS 的有效性，并考虑 SMA 丝材预应变对 SMA-SPDS 的影响，进行了 9 种不同预应变下的 SMA-SPDS 模型振动台试验测试，每种 SMA-SPDS 分别进行 3 种不同地震波和正弦波的激励，正弦波的试验工况见表 4-1。

SMA-SPDS 试验工况

表 4-1

编号	质量(kg)	摆长(cm)	SMA 直径(mm)	预应变
Z1				0％
Z2	20	50	0.5	1％
Z3				3％
Z4				6％
Z5		30		
Z6	20	40	0.5	3％
Z7		60		
Z8	30	50	0.5	3％
Z9	50			

图 4-5　SMA-SPDS 与试验设备

SMA-SPDS 试验在西安建筑科技大学结构与抗震试验室 WS-Z30-50 振动台系统上完成，将 SMA-SPDS 固定于振动台台面，试验时在质量振子处设置位移和加速度传感器，为考察 SMA-SPDS 与台面的振动相位差，在台面处也设置位移传感器。SMA-SPDS 和试验设备如图 4-5 所示。

（2）试验加载方式

本试验采用共振试验法，由于振动频率对 SMA-SPDS 有较大的影响，同时振动台台面处的加速度响应相位关系仅影响 SMA-SPDS 的输出力的方向，因此试验前应确定 SMA-SPDS 在 SMA 丝材未施加预应变的状态下其主振型频率，然后再在该频率附近进行不同频率的强迫振动。本书选择位移幅值为 8mm，频率为 0.8Hz 的正弦曲线作为强迫振动的输入。

4.3.3 试验结果分析

根据 SMA-SPDS 的振动台试验，采用相位分析原理进行了正弦位移激励下对该减震系统工作性能的研究。以质量为 20kg，直径 50cm，SMA 丝直径为 0.5mm 的 SMA-SPDS 为例，给出不同 SMA-SPDS 相对振动台台面的位移与台面加速度的时程曲线，如图 4-6 所示，相位差、频率和阻尼等特点见表 4-2。

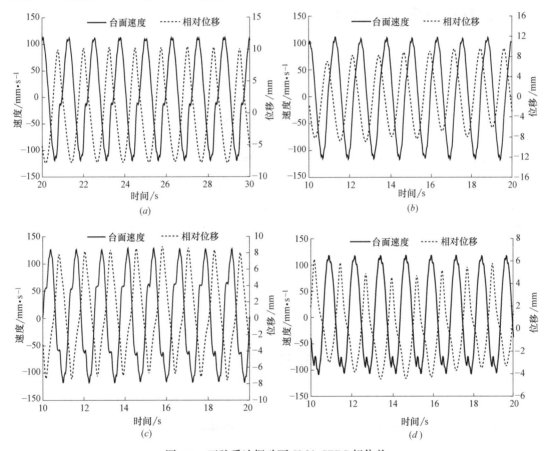

图 4-6　正弦受迫振动下 SMA-SPDS 相位差
(a) SMA 预拉 0% 时相位差；(b) SMA 预拉 1% 时相位差；
(c) SMA 预拉 3% 时相位差；(d) SMA 预拉 6% 时相位差

SMA-SPDS 相位差　　　　　　　　　　　　　　　　　　表 4-2

编号	摆长 (cm)	SMA 直径 (mm)	预应变	相位差	频率/Hz	阻尼比
Z1			0%	152°	0.76	0.0079
Z2	50	0.5	1%	149°	0.80	0.0281
Z3			3%	160°	0.86	0.0376
Z4			6%	164°	0.91	0.0573

由图 4-6 和表 4-2 可以看出，SMA-SPDS 相对振动台台面的位移与台面速度二者相位差在 150°～180°之间，SMA-SPDS 中质量振子与外结构的运动方向相反，可以对外结构输出方向力，验证了该减震系统的有效性。然而，上述不同的 SMA-SPDS 质量振子的相对位移与振动台台面速度的相位差均达不到 180°，其原因是振动台输入正弦波的频率与 SMA-SPDS 的频率越接近，其减震效果越好，因此需要通过优化 SMA-SPDS 各设计参数，将其振动频率调整到外部结构自振频率接近的范围内，以达到最佳的减震效果。同时由频率和阻尼比试验结果可以看出，SMA-SPDS 的频率和阻尼均可调可控，具有较稳定的减震性能，可用于古塔结构的减震控制。

4.4 SMA-SPDS 优化设计

本书根据小雁塔结构的特点，利用悬摆减震原理并与 SMA 相结合研发了 SMA-SP-DS。该系统可根据小雁塔结构的振动特点有针对性的布置在不同的楼层，与传统的多重调谐质量阻尼器相比，SMA-SPDS 改善了传统调谐质量阻尼器控制效果不稳定，可控激励频带窄，可实现性较差的缺点，在已知 SMA-SPDS 质量系数时，通过调整 SMA-SPDS 频率、阻尼比和位置，可实现 SMA-SPDS 对小雁塔结构的最优控制，从而达到减小其地震响应的目的。一般情况下，多重调谐质量阻尼器常用于高耸或高层结构中，然而在进行计算时往往又将主结构简化为单自由度体系，这与实际不符。因此本节以多自由度体系的模态分析为基础，将小雁塔结构解耦为多个单自由度体系，将模态质量和模态刚度等参数转换成等效质量和等效刚度，在物理坐标中建立非耦联模型，然后利用定点理论，实现 SMA-SPDS 的最优控制。

4.4.1 多自由度体系非耦合分析

多自由度体系的运动方程为：

$$[M]\{\ddot{x}\} + [C]\{\dot{x}\} + [K]\{x\} = \{f\} \tag{4-1}$$

式中，$[M]$、$[C]$、$[K]$ 分别为多自由度体系质量矩阵、阻尼矩阵、刚度矩阵；$\{\ddot{x}\}$、$\{\dot{x}\}$、$\{x\}$ 分为结构相对于地面的加速度向量，速度向量，位移向量；$\{f\}$ 为载荷力向量[148,149]。

设结构承受稳态激励 $\{f\} = \{F\}e^{j\omega t}$，结构的稳态响应如下式所示[150-152]：

$$\{x\} = \{X\}e^{j\omega t} \tag{4-2}$$

将式（4-2）代入式（4-1）可得：

$$(-\omega^2[M] + j\omega[C] + [K])\{X\} = \{F\} \tag{4-3}$$

令：

$$\{X\} = [\varPhi]\{\delta\} \tag{4-4}$$

将式（4-4）代入式（4-3）得：

$$(-\omega^2[\varPhi]^T[M][\varPhi] + j\omega[\varPhi]^T[C][\varPhi] + [\varPhi]^T[K][\varPhi])\{\delta\} = [\varPhi]^T\{F\} \tag{4-5}$$

或表示为：

$$[\varPhi]^T[G][\varPhi]\{\delta\} = [\varPhi]^T\{F\} \tag{4-6}$$

式中，$[\varPhi]=[\{X_1\}\{X_2\}\cdots\{X_n\}]=\begin{bmatrix}\phi_{11}&\phi_{12}&\cdots&\phi_{1n}\\\phi_{21}&\phi_{22}&\cdots&\phi_{2n}\\\vdots&\vdots&\cdots&\vdots\\\phi_{n1}&\phi_{n2}&\cdots&\phi_{nn}\end{bmatrix}$为模态矩阵，矩阵成分 ϕ_{ji} 中

的 j 表示坐标序号，i 表示模态的阶数；$[G]=-\omega^2[M]+j\omega[C]+[K]$。

由特征模态的正交特性，有如下关系式成立：

$$[\varPhi]^{\mathrm T}[M][\varPhi]=diag[M_1\cdots M_r\cdots M_n] \tag{4-7}$$

$$[\varPhi]^{\mathrm T}[K][\varPhi]=diag[K_1\cdots K_r\cdots K_n] \tag{4-8}$$

式中，M_r，K_r 分别为 r 阶模态质量和模态刚度。关于结构阻尼矩阵，假定结构阻尼为瑞利阻尼，即：

$$[C]=\alpha[M]+\beta[K] \tag{4-9}$$

由此可求得：

$$[\varPhi]^{\mathrm T}[C][\varPhi]=diag[C_1\cdots C_r\cdots C_n] \tag{4-10}$$

式中，C_r 为结构 r 阶模态阻尼。

通过式（4-7）～式（4-10），可求解 r 阶模态公式为：

$$(-\omega^2 M_r+j\omega C_r+K_r)\delta_r=\{\varPhi_r\}^{\mathrm T}\{F\} \tag{4-11}$$

则非耦联单自由度体系受迫振动的解为：

$$\delta_r=\frac{\{\varPhi_r\}^{\mathrm T}\{F\}}{(-\omega^2 M_r+j\omega C_r+K_r)} \tag{4-12}$$

将式（4-12）代入式（4-4）中，求得如式（4-13）所示的物理坐标的响应。

$$\{X\}=[\varPhi]\{\delta\}=\sum_{r=1}^n\delta_r\{\varPhi_r\}=\sum_{r=1}^n\frac{\{\varPhi_r\}^{\mathrm T}\{F\}\{\varPhi_r\}}{(-\omega^2 M_r+j\omega C_r+K_r)}=\sum_{r=1}^n\frac{1}{K_r}\frac{\{\varPhi_r\}^{\mathrm T}\{F\}\{\varPhi_r\}}{(1-\beta_r^2+j2\zeta_r\beta_r)} \tag{4-13}$$

式中，β_r，ζ_r 分别是 r 次受迫振动的频率比和模态阻尼比，其表达式如下所示：

$$\beta_r=\frac{\omega}{\Omega_r}=\frac{\omega}{\sqrt{K_r/M_r}},\zeta_r=\frac{C_r}{2\sqrt{M_rK_r}}$$

则，在任意 a 点处施加作用力，b 点的响应可表示如下：

$$X_{\mathrm b}=\sum_{r=1}^n\frac{1}{K_r}\frac{\varPhi_{br}\varPhi_{ar}}{(1-\beta_r^2+j2\zeta_r\beta_r)}F_{\mathrm a} \tag{4-14}$$

4.4.2 等效质量

模态矩阵是由振幅比确定的，其本身不具有特别的物理意义。在以往的优化设计中，大多数利用模态质量和模态刚度进行优化计算，其计算结果含糊不清。本书引入等效质量概念，赋予模态特性值物理意义。利用"某个选定的振动模态上特定点作为一个特征向量，并对其实施归一化，在这个特定点上求解物理量表示等效质量"的方法[153]，既可求解单自由度体系各阶模态等效质量，也可以附带求解等效刚度。

设某个被选定的 i 阶模态的特征向量 $\{x_i\}^{\mathrm T}$ 为：

$$\{x_1 x_2\cdots x_i\cdots x_n\}^{\mathrm T} \tag{4-15}$$

则此时的振动模态形式（$\omega=\omega_i$）中各质点的速度为：ρx_1，ρx_2，$\cdots$，ρx_i，$\cdots$，ρx_N，其

中，ρ 为系数，则系统的动能 T_{total} 可表示为：

$$T_{total} = \frac{1}{2}(m_1\rho^2 x_1^2 + m_1\rho^2 x_2^2 \cdots m_j\rho^2 x_j^2 \cdots m_N\rho^2 x_N^2) \quad (4\text{-}16)$$

在模态分析法中，将 N 自由度体系看作 N 个没有耦联的单自由度体系的集合。设其中一质点为 j，将该点置换到单自由度体系中，则该点与相应的多自由度体系中的运动状态是完全一样的，此时该质点动能表示为：

$$T_j = \frac{1}{2}M_{ji}(\rho x_j)^2 \quad (4\text{-}17)$$

式中，M_{ji} 表示从 j 点观察 i 阶模态的等效质量。

设 $T_{total} = T_j$，从式（4-16）和式（4-17）可以导出等效质量 M_{ji} 的表达式为：

$$M_{ji} = m_1\left(\frac{x_1}{x_j}\right)^2 + m_2\left(\frac{x_2}{x_j}\right)^2 + \cdots + m_j + \cdots + m_n\left(\frac{x_n}{x_j}\right)^2 \quad (4\text{-}18)$$

即：

$$M_{ji} = \begin{bmatrix} \dfrac{x_1}{x_j} \\ \dfrac{x_2}{x_j} \\ \vdots \\ 1 \\ \vdots \\ \dfrac{x_N}{x_j} \end{bmatrix}^{\mathrm{T}} \begin{bmatrix} m_1 & & & & & \\ & m_2 & & & 0 & \\ & & \ddots & & & \\ & & & m_j & & \\ & 0 & & & \ddots & \\ & & & & & m_N \end{bmatrix} \begin{bmatrix} \dfrac{x_1}{x_j} \\ \dfrac{x_2}{x_j} \\ \vdots \\ 1 \\ \vdots \\ \dfrac{x_N}{x_j} \end{bmatrix} \quad (4\text{-}19)$$

$$M_{ji} = \{X_j\}^{\mathrm{T}}[M]\{X_j\} \quad (4\text{-}20)$$

利用式（4-20），即可辨识特征模态任意点的等效质量。

4.4.3　SMA-SPDS 位置场所

文中研发的 SMA-SPDS 通过控制小雁塔结构的振型来达到减振效果，故设置的 SMA-SPDS 应与结构的振型调谐。通过对该系统配置场所的巧妙选定实现多自由度体系在各个模态单位实现振动控制，减振模态要选择在最有效且不干扰其他模态工作的配置场所。由等效质量概念[154]，可知：

（1）在某个模态的振动波腹（该模态的最大振幅点），等效质量为最小。也就是说，以动力吸振器的质量为基准，则在振动的波腹质量比最大。

（2）在某个模态的振动节点（该模态的振幅为 0），等效质量为无限大。也就是说在振动节点上不受外力的干扰。灵活运用这两点即可实现各个模态间的非耦联设计。

4.4.4　SMA-SPDS 参数优化

假设结构具有 n 个 SMA-SPDS，利用模态坐标建立 n 个单自由度体系，则附加 SMA-SPDS 的结构运动方程为：

$$[\varPhi]^{\mathrm{T}}[G][\varPhi]\{\delta\} = [\varPhi]^{\mathrm{T}}(\{F\} - \{F_d\}) \quad (4\text{-}21)$$

式中，F_d 为 SMS-SPDS 的作用力向量，其余参数如前所述。

由 SMA-SPDS 得到的作用力向量是位移向量 $\{X\}$ 的函数，传递矩阵设为 $[H]$，则作用力向量表示为：

$$\{F_d\}=[H]\{X\} \tag{4-22}$$

根据 4.4.1 所述，附带有 SMA-SPDS 的多自由度体系可解耦为单自由度体系，则 i 阶模态附加 SMA-SPDS 的单自由度体系力学模型可用图 4-7 表示，该系统的质量、SMA 刚度、阻尼系数分别设为 m_{di}、k_{di}、c_{di}。

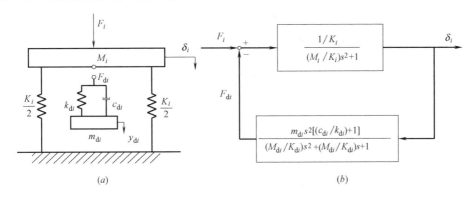

图 4-7　i 阶模态的单自由度体系附加减振系统简化模型图

(a) 力学模型；(b) 控制流程图

通过附加 SMA-SPDS 而产生的作用力 F_{di} 由下式表示：

$$F_{di}=\frac{-m_{di}\omega^2(k_{di}-jc_{di}\omega)}{k_{di}-m_{di}\omega^2+jc_{di}\omega}\delta_i \tag{4-23}$$

由图 4-6 (b) 可以看出 SMA-SPDS 充当反馈补偿元素的作用，可以导出传递函数 G_{di} 的表达式为：

$$\frac{\delta_i}{F_i}=G_{di} \tag{4-24}$$

式中，G_{di} 是含有该减振系统的 i 阶模态的传递函数。

$$G_{di}=\frac{1-\left(\dfrac{\omega}{\omega_{di}}\right)^2+2j\zeta_i\left(\dfrac{\omega}{\omega_{di}}\right)}{\left(\dfrac{\omega}{\Omega_i}\right)^2\left(\dfrac{\omega}{\omega_{di}}\right)^2-\left\{\left(\dfrac{\omega}{\omega_{di}}\right)^2+\left(\dfrac{\omega}{\Omega_i}\right)^2(1+\mu_i)\right\}+2j\zeta_i\left(\dfrac{\omega}{\Omega_i}\right)\left(\dfrac{\omega}{\omega_{di}}\right)\left\{1-\left(\dfrac{\omega}{\Omega_i}\right)^2(1+\mu_i)\right\}}\frac{1}{K_i}$$

$$\tag{4-25}$$

式中，$\omega_{di}=\sqrt{\dfrac{k_{di}}{m_{di}}}$，$\zeta_i=\dfrac{c_{di}}{2m_{di}\omega_i}$，$\mu_i=\dfrac{m_{di}}{M_i}$，$\omega_{di}$，$\zeta_i$，$\mu_i$ 分别为 i 阶模态减振系统的固有频率，阻尼比，质量比。

SMA-SPDS 的最佳设计以定点理论为基础，其核心思想是在有阻尼振动系统的频率响应曲线上，寻找与阻尼无关的特定点，利用特定点进行减振装置的设计。DenHartog 等人在 1924 年第一次将该理论应用于减振装置的优化设计[155,156]，本书利用定点理论对 SMA-SPDS 进行优化设计。

设含阻尼元素 ζ 的单自由度减振体系，频率传递函数表示为：

$$G(\omega)=\frac{C(\omega)+\zeta D(\omega)}{A(\omega)+\zeta B(\omega)} \tag{4-26}$$

式中，$C(\omega)$、$A(\omega)$ 是不含 ζ 的关于 ω 的系数项；$D(\omega)$、$B(\omega)$ 是包含 ζ 的关于 ω 的系数项。

1）$\zeta=0$ 时，频率传递函数：

$$G(\omega)\big|_{\zeta=0}=\frac{C(\omega)}{A(\omega)} \qquad (4-27)$$

2）$\zeta=\infty$ 时，频率传递函数：

$$G(\omega)\big|_{\zeta=\infty}=\frac{D(\omega)}{B(\omega)} \qquad (4-28)$$

3）相对 ζ 独立的频率传递函数：

$$G(\omega)\big|_{\zeta=任意}=\left(\frac{D(\omega)}{B(\omega)}\right)\left(\frac{C(\omega)/D(\omega)+\zeta}{A(\omega)/B(\omega)+\zeta}\right)=\frac{D(\omega)}{B(\omega)} \qquad (4-29)$$

显然：

$$\frac{C(\omega)}{D(\omega)}=\frac{A(\omega)}{B(\omega)}或\frac{C(\omega)}{A(\omega)}=\frac{D(\omega)}{B(\omega)} \qquad (4-30)$$

则，相对 ζ 独立的频率传递函数由下式决定，即：

$$G(\omega)\big|_{\zeta=0}=G(\omega)\big|_{\zeta=\infty} \qquad (4-31)$$

式中，当 $\zeta=0$、$\zeta=\infty$ 时，频率传递函数的交点与 ζ 无关，因此该交点就是频率响应曲线的最大值，所确定的 ζ 值即为最佳阻尼值。在进行 SMA-SPDS 参数设计时，利用定点高度相等，可求出减振装置的最佳调谐值。

对于多自由度体系减振装置最佳设计，利用前文模态分析，可将多自由度减振体系解耦为单自由度减振体系，求出相应的频率传递函数，如式（4-25）所示。利用式（4-25）～式（4-31），即可得出 i 阶模态的单自由度减振装置最佳设计条件，从而可以确定 SMA-SPDS 中的主要参数，如下所示：

$$最佳调谐：\frac{\omega_i}{\Omega_i}=\frac{1}{1+\mu_i} \qquad (4-32)$$

$$最佳阻尼比：\zeta_i=\sqrt{\frac{3\mu_i}{8(1+\mu_i)}} \qquad (4-33)$$

$$最大幅度系数：\left(\frac{X}{X_{st}}\right)_{max}=\sqrt{1+\frac{2}{\mu_i}} \qquad (4-34)$$

$$减振装置频率：\omega_i=\sqrt{\frac{g}{l}+\frac{k_{eq}}{m}\left(\frac{m}{l}\right)^2} \qquad (4-35)$$

式中，ω_i 表示 i 阶模态减振装置固有频率；Ω_i 是 i 阶模态结构固有频率；ζ_i 为 i 阶模态阻尼比；k_{eq} 为 SMA 丝等效割线刚度；l 为有效摆长；μ_i 为 i 阶模态质量比。

4.5　本章小结

本章根据小雁塔的结构特点和经过多次修复后的现状，利用形状记忆合金和悬摆系统研发了形状记忆合金复合悬摆减震系统，并通过振动台试验验证了该系统的有效性，同时根据模态振动控制原理对 SMA-SPDS 的性能参数进行了优化设计，可以得到以下结论：

（1）考虑古塔结构的特殊性，设计开发了适用于古塔结构的 SMA-SPDS，该系统体积小，集成灵活，可设置于古塔结构内部，可最大限度保护古塔原貌。

（2）SMA-SPDS 可通过摆长和 SMA 丝预应变的组合调整，改善传统质量调谐阻尼器可控激励带宽较窄，控制效果不稳定等缺点，同时加入 SMA 可使该减震系统能够耗散掉更多的地震能量，减小古塔结构地震响应。

（3）根据振动台试验，应用相位分析原理表明：SMA-SPDS 相对振动台台面的位移与台面速度二者相位差在 150°～180°之间，SMA-SPDS 中质量振子与外结构的运动方向相反，可以对外结构输出反向力，说明该减震系统有效。

（4）以多自由度体系的模态分析为基础，通过调整 SMA-SPDS 频率、阻尼比和位置，可实现 SMA-SPDS 对小雁塔结构的最优控制，从而达到减小其地震响应的目的。

（5）将小雁塔结构解耦为多个单自由度体系，将模态质量和模态刚度等参数转换成等效质量和等效刚度，在物理坐标中建立非耦联模型，利用定点理论优化参数，实现了 SMA-SPDS 的最优控制。

第5章 设置SMA-SPDS的小雁塔结构振动台试验研究

5.1 概述

西安小雁塔是古代密檐式古塔的杰出代表,具有极高的历史文化和艺术美学价值,然而经过上千年的自然侵蚀和历史变迁,如今小雁塔整体承载能力和抗震性能都较差,难以再次承受自然灾害的袭击。本章在前文研究的基础上,设计并制作小雁塔模型结构,并将SMA-SPDS集成于该模型结构中,通过振动台试验,研究该减震系统对小雁塔模型结构减震消能的效果,分析模型结构的抗震能力,为更好地保护小雁塔提供参考。

5.2 试验概况

5.2.1 试验目的

由于小雁塔结构经历了1300多年的历史变迁,饱受自然和人为破坏,结构承载能力和抗震能力已经难以再次承受较大的地震等灾害的袭击。因此,本试验根据1965年小雁塔修缮后的现存状况,设计并制作小雁塔模型结构,通过振动台试验研究修缮后小雁塔结构的地震响应规律;同时,重点研究利用SMA-SPDS对小雁塔模型结构进行减震保护,分析模型结构的抗震能力,为小雁塔下一步的加固修缮提供参考。

5.2.2 试验内容

本试验的主要内容有:

(1)根据小雁塔原型结构材料的性能,对试验所用材料进行力学性能试验,与小雁塔原型材料对比,保证试验材料能够最大限度反映小雁塔结构真实现状。

(2)根据材料力学性能试验,使用与小雁塔结构相似材料,采用相同的砌筑工艺,设计制作模拟小雁塔结构的墙体试件,研究古塔结构破坏形态与层间位移角的关系。

(3)根据工程结构抗震试验模型的相似关系和小雁塔结构现状,设计并制作一个几何相似比为1/10的小雁塔模型结构。测试未设置和设置SMA-SPDS后模型结构重点部位在地震作用下的裂缝出现与发展情况以及结构的变形情况。

(4)测试未设置和设置SMA-SPDS后小雁塔模型结构受震前后的动力特性、加速度响应、位移响应等,并确定相应的动力放大系数、最大加速度和位移包络图等动力响应。

（5）根据模型结构的地震模拟振动台试验结果，评判未设置和设置 SMA-SPDS 后模型结构的地震响应是否满足预定控制目标的要求，分析相应的控制机理和规律，评价结构的总体抗震性能。

（6）根据模型结构的试验研究结果和小雁塔结构保护的特殊要求，提出提高小雁塔结构抗震性能的保护方案。

5.3 小雁塔模型设计与制作

5.3.1 模型材料性能

根据小雁塔原型结构材料的性能，同时兼顾试验的可行性，模型塔身选用经过加工处理的 20 世纪五六十年代的青砖，胶结材料主要为生石灰、原状黄土和糯米浆，其中生石灰：原状黄土为 1：1。将生石灰缓缓加入水中，不间断搅拌，成浆后与黄土拌合，焖 8h 后[157]，再将糯米粉与水混合煮沸后去除杂物，掺入上述拌合物中，最后用电动搅拌装置拌合均匀，用于制作试块。试验材料如图 5-1 所示。

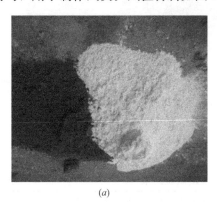
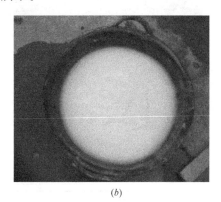

(a)   (b)

图 5-1　试验材料

(a) 黄土与生石灰；(b) 糯米浆

为了准确掌握胶结材料和砌体材料的力学性能，参考《砌体基本力学性能试验方法标准》（GB/T 50129—2011）[158]进行了胶结材料试块抗压强度试验、砌体试块抗压强度试验及砌体试块抗剪强度试验，如图 5-2 所示。上述试验主要结果见表 5-1～表 5-4。

由上述材料力学性能试验结果和第 2 章小雁塔现场测试结果可知，小雁塔模型结构试验所选用的材料与原型结构现场实测结果相近，具有相似性和代表性，能够反映小雁塔原型结构的材料特性，可作为小雁塔模型结构试验所用。

5.3.2 模拟小雁塔墙体试验研究

为研究小雁塔结构破坏形态与位移角关系，利用上述与古塔结构相似的材料，使用传统的砌筑工艺，设计制作了 4 个相同规格的模拟小雁塔结构的墙体模型试件，并对其进行了低周反复荷载试验。试验按照《建筑抗震试验方法规程》（JGJ 101—2015）[159]，采用荷

(a)　　　　　　　　　　　　　(b)

(c)　　　　　　　　　　　　　(d)

图 5-2　力学性能试验

(a) 立方体抗压强度试验；(b) 棱柱体抗压强度试验；

(c) 砌体抗压强度试验；(d) 砌体抗剪强度试验

胶结材料立方体抗压强度试验结果　　　　　　　　　　表 5-1

试件编号	龄期/d	尺寸/mm	破坏荷载/kN	抗压强度/MPa	强度均值/MPa
LF1			4.04	0.808	
LF2			2.85	0.570	
LF3			3.34	0.668	
LF4			1.73	0.346	
LF5			2.63	0.526	
LF6	28	70.7×70.7×70.7	2.29	0.458	0.523
LF7			2.36	0.472	
LF8			2.07	0.414	
LF9			2.11	0.422	
LF10			2.62	0.524	
LF11			2.52	0.504	
LF12			2.84	0.568	

胶结材料棱柱体抗压强度试验结果   表 5-2

试件编号	龄期/d	尺寸/mm	峰值应力/MPa	峰值应变	极限应变	弹模/MPa
LZ1			0.78	0.0145	0.0159	45.8
LZ2			0.96	0.0156	0.0170	60.6
LZ3			1.10	0.0169	0.0179	57.3
LZ4			0.44	0.0112	0.0142	26.1
LZ5			0.57	0.0158	0.0193	82.2
LZ6	28	70.7×70.7 ×216	0.52	0.0147	0.0186	43.2
LZ7			0.54	0.0133	0.0169	39.3
LZ8			0.52	0.0122	0.0173	40.8
LZ9			0.59	0.0139	0.0171	39.7
LZ10			0.49	0.0127	0.0176	36.1
LZ11			0.51	0.0141	0.0177	34.9
LZ12			0.48	0.0128	0.0168	35.5
均值			0.625	0.0140	0.0172	45.2

砌体抗压强度试验   表 5-3

试件编号	龄期/d	尺寸/mm	破坏荷载/kN	抗压强度/MPa	强度均值/MPa
QKY-1			199.8	2.25	
QKY-2			204.2	2.30	
QKY-3	28	240×370×750	202.5	2.28	2.23
QKY-4			187.6	2.11	
QKY-5			193.1	2.17	
QKY-6			202.4	2.28	

砌体抗剪强度试验   表 5-4

试件编号	龄期/d	尺寸/mm	破坏荷载/kN	抗剪强度/MPa	强度均值/MPa
QKJ-1			1.537	0.0604	
QKJ-2			1.604	0.0630	
QKJ-3	28	180×240×370	1.588	0.0624	0.0626
QKJ-4			1.501	0.0590	
QKJ-5			1.641	0.0645	
QKJ-6			1.682	0.0661	

载-位移控制加载,模拟试件在遭遇地震时受到反复荷载作用的情形。首先对模拟小雁塔结构的墙体模型试件施加竖向荷载,在试件开裂前,采取荷载控制并分级加载,极差为预估计极限荷载值的10%,当观察到试件开裂后采用位移控制,变形值取试件开裂时的位移,并以该位移值的倍数为极差进行控制加载,直至试件破坏。

在本实验中,首先对试件(顶梁)一次加足竖向荷载,施加载荷80kN,保证竖向荷载恒定。试验正式开始前,施加10kN的水平荷载进行预加载,进行预推拉,观察试件有无弯曲、扭转等现象；确定各试验设备及测量仪器运行正常后，实施加载。试验开裂前的分级加载按 10kN 逐级递增，每级循环一次。试件开裂后的分级加载按位移控制，每级增加 $1\Delta_c$（墙体开裂位移），每级循环两次。达到极限荷载后，继续按位移控制加载，直至古塔墙体试件破坏，彻底丧失承载力。试验测点布置及破坏形态如图 5-3 所示，试验结果见表 5-5。

(a)　　　　　　　　　　　　(b)　　　　　　　　　　　　(c)

图 5-3　古塔墙体模型试验

(a) 墙体加载图；(b) 测点布置图；(c) 墙体破坏图

层间位移角试验结果　　　　　　　　　　　　　　表 5-5

试件规格(mm)	方向	开裂点	初始裂缝贯通点	交叉斜裂缝出现点	峰值荷载点	倒塌点
1200×1825	＋	1/2719	1/1635	1/1176	1/734	1/412
	－	1/3529	1/1832	1/1145	1/766	1/532
1200×1825	＋	1/2553	1/1457	1/1174	1/654	1/467
	－	1/2400	1/1634	1/1016	1/710	1/389
1200×1825	＋	1/2325	1/1873	1/1245	1/841	1/472
	－	1/2678	1/1623	1/1234	1/798	1/396
1200×1825	＋	1/2930	1/1652	1/1123	1/643	1/378
	－	1/3214	1/1793	1/1168	1/724	1/426
均值		1/2778	1/1667	1/1162	1/714	1/434

采用试件损伤破坏过程中开裂荷载点、初始裂缝贯通点、交叉斜裂缝出现点、荷载峰值点和倒塌点这五个点作为对应小雁塔结构性能等级的控制点，其中倒塌点取峰值荷载 85％对应的点。开裂荷载点对应的损伤状态为基本完好，初始裂缝贯通点对应的损伤状态为轻微破坏，交叉斜裂缝出现点对应的损伤状态为中等破坏，荷载峰值点对应的损伤状态为严重破坏，倒塌点对应的即为倒塌状态。

综合考虑小雁塔结构的历史意义和保护价值，为保证其世代传承，结合《建筑抗震设计规范》（GB 50011—2010）、《砌体结构设计规范》（GB 50003—2011）和试验结果数据，得到小雁塔结构各种损伤状态所对应的层间位移角建议限值区间见表 5-6，也可供同类砖石古塔结构的损伤评定参考。

砖石古塔结构位移角限值建议区间　　　　　　　　　　表 5-6

评价水平	完好	基本完好	轻微破坏	中等破坏	严重破坏	倒塌
位移角区间	＜1/2900	1/2900～1/1800	1/1800～1/1200	1/1200～1/800	1/800～1/500	＞500

5.3.3 小雁塔模型设计与制作

小雁塔位于陕西省西安市，抗震设防烈度为8度地区，地震分组为第一组，设计基本地震加速度为0.2g，场地类别为Ⅱ类，特征周期$T_g=0.35s$。

综合考虑振动台的台面尺寸及承载能力，取尺寸相似系数$S_l=1/10$，由于模型所选材料为砖砌体，其承载力等参数与原型结构基本相同，故可取$S_E=1$。小雁塔结构质量主要来自于墙体，模型设计采用欠人工质量方法，将配重设置在塔身墙壁的配重箱内。根据Buckingham理论和量纲分析，计算出模型和原型结构之间的相似关系，从而求得本次试验的各相似系数，见表5-7，模型结构设计如图5-4所示。

模型相似关系表 表5-7

相似物理量	符号	公式	相似比
尺寸	S_l	模型l/原型l	0.1
弹性模量	S_E	模型E/原型E	1
质量	S_m	模型m/原型m	0.00361
密度	S_ρ	$S_\rho=S_m/S_l^3$	3.61
加速度	S_a	$S_a=S_ES_l^2/S_m$	2.77
应力	S_σ	$S_\sigma=S_E/S_a$	0.361
时间	S_t	$S_t=\sqrt{S_l/S_a}$	0.19
位移	S_w	$S_w=S_l$	0.1
速度	S_v	$S_v=\sqrt{S_lS_a}$	0.526
频率	S_f	$S_f=1/S_t$	5.26

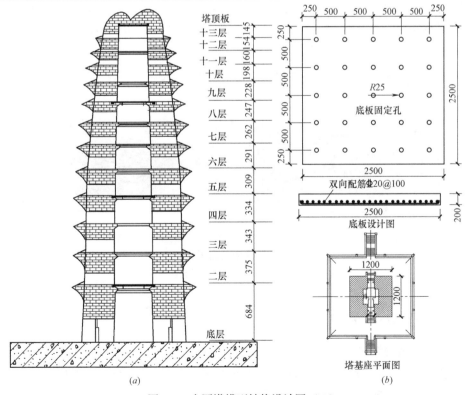

图 5-4 小雁塔模型结构设计图（一）

(a) 塔身尺寸；(b) 底板及塔基平面图

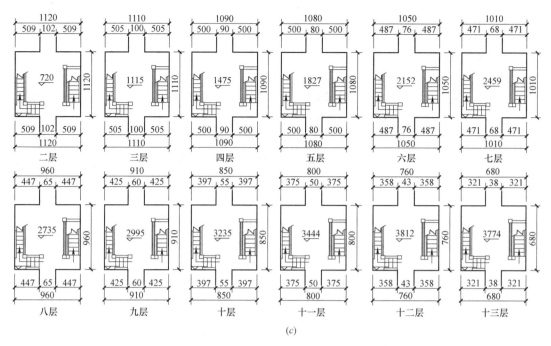

(c)

图 5-4　小雁塔模型结构设计图（二）

（c）塔身各层尺寸

小雁塔模型结构所用的砌筑材料为经切割加工处理后的青砖，主要有两种规格，塔身主体结构用砖为：110mm×50mm×25mm，挑檐处用砖为：110mm×50mm×10mm，如图 5-5 所示。小雁塔模型结构的制作过程如图 5-6 所示。

（a）　　　　　　　　　　　　　　　　（b）

图 5-5　模型结构用砖

（a）塔身用砖；（b）挑檐用砖

5.3.4　SMA-SPDS 的安装

由于小雁塔结构经过 1965 年修整后，在其第二、五、九层处增设了钢筋混凝土梁、板。SMA-SPDS 的设置需要与结构进行可靠的连接，需根据小雁塔结构现有的特点选择合适的布置位置，目前只能在其结构内部混凝土梁、板处设置 SMA-SPDS；小雁塔结构各层的塔身处都开有券洞，历史上多次地震对券洞的破坏也最大，券洞是小雁塔结构的薄

图 5-6 模型结构砌筑过程

(a) 模型底部;(b) 挑檐;(c) 塔身砌筑;(d) 整体模型

弱部位。因此,本次试验在小雁塔模型结构的第一、二和第五层处各设置 1 个沿券洞方向的 SMA-SPDS,连接方式采用顶部连接法。将 SMA-SPDS 固定在相应各层的混凝土底板处,系统内部通过丝-索转换接头将 SMA 丝与钢索进行可靠连接,钢索从钢索通道穿出后固定在上层混凝土板上。选用顶部连接方式的另一优点是可以使小雁塔塔身内部结构形成一个可靠的连接整体,从而提高塔身的整体性,如图 5-7 所示。

 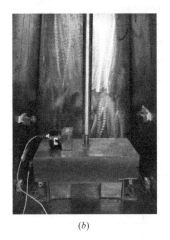

(a)   (b)

图 5-7 SMA-SPDS 安装图

(a) 减震系统安装;(b) 传感器布置

5.4　试验系统与试验方案

5.4.1　试验设备

　　试验在西安建筑科技大学结构工程抗震实验室进行。采用美国 MTS 生产的三向六自由度电液伺服模拟控制振动台进行试验，该振动台台面尺寸：4.1m×4.1m，满载试件重量 30t，满载水平向最大加速度 1.5g，竖向 1.0g，最大倾覆弯矩：80t·m，最大偏心弯矩：30t·m，如图 5-7 所示。振动台由计算机进行加载控制，采用 LMS 数据采集仪采集试验数据，加速度和位移传感器分别采用 PCB 加速度传感器和 891 型位移传感器，试验设备如图 5-8 所示。

(a)　　　　　　　　　　　　　　　　　　(b)

图 5-8　试验设备
(a) 振动台及控制系统图；(b) 数据采集试验设备

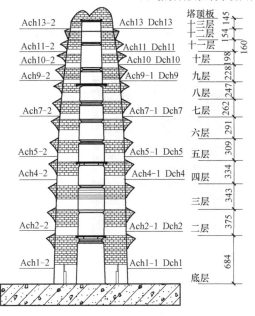

图 5-9　传感器布置图

5.4.2　测点布置

　　试验过程中将 22 个加速度传感器和 14 个位移传感器分别布置在小雁塔模型结构的不同位置，其中 3 个加速度和位移传感器布置于减震装置中，具体布置方案如图 5-9 和表 5-8 所示。

5.4.3　地震波的选取及试验工况

　　根据《建筑设计抗震规范》(GB 50003—2011)[118]规定，本试验选取了 2 条真实强震记录（El-Centro 波（NS）和江油波（EW）地震记录）和 1 条人工波（上海波），进行模拟地震振动台试验。其中 El-Centro 地震记录，具有较大的加速度

传感器布置表   表 5-8

测点位置	加速度		位移
	东侧	西侧	东侧
台面	TAch1		TDch1
1层	Ach1-1	Ach1-2	Dch1
2层	Ach2-1	Ach2-2	Dch2
4层	Ach4-1	Ach4-2	Dch4
5层	Ach5-1	Ach5-2	Dch5
7层	Ach7-1	Ach7-2	Dch7
9层	Ach9-1	Ach9-2	Dch9
10层	Ach10-1	Ach10-2	—
11层	Ach11-1	Ach11-2	Dch11
13层	Ach13-1	Ach13-2	Dch13
1层装置	ZAch1		ZDch1
2层装置	ZAch2		ZDch2
5层装置	ZAch5		ZDch5

峰值，频谱特性丰富，在输入相同的加速度峰值时，可产生较大的地震反应；汶川地震距离陕西较近，对陕西地区的建筑结构产生了较大的影响，并且其持续时间长，反应剧烈，具有代表性；人工波为上海波，其频谱分布大，结构响应好，与小雁塔结构的自振频率较接近，适合此类古塔结构的模拟振动台试验。

西安地区抗震设防烈度为 8 度，基本地震加速度 0.2g，试验考虑 8 度小震、8 度中震及 8 度大震下小雁塔模型结构的地震响应情况。强震记录主要参数见表 5-9，强震记录和人工波的时程曲线如图 5-10 所示。

强震记录参数表   表 5-9

地震名称	地震波	震级	震中距(km)	地震时间	场地	加速峰值(g)
Imperial Valley	El-Centro	6.7	11.5	1940.5.18	Ⅱ	0.3417
汶川地震	江油波	8.0	33	2008.5.12	Ⅱ	0.3048

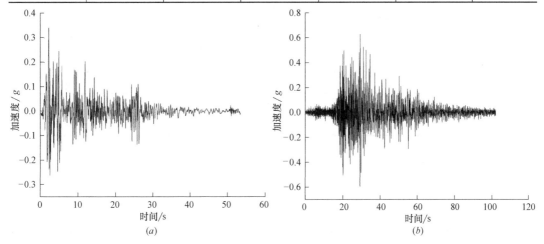

图 5-10 地震波时程图 （一）

（a）El-Centro 波加速度时程图；（b）江油波加速度时程图

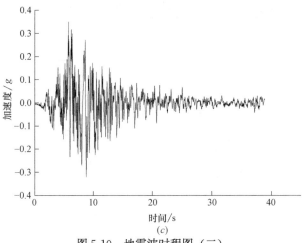

图 5-10　地震波时程图（二）

（c）人工波加速度时程图

根据不同类型的 SMA-SPDS 及其设置情况将试验分为Ⅰ、Ⅱ、Ⅲ类。其中小雁塔模型结构中不设置减震系统为Ⅰ类试验，设置减震系统中 SMA 丝预拉 3％为Ⅱ类试验；减震系统中 SMA 丝预拉 6％为Ⅲ类试验。表 5-10 给出了Ⅰ类试验的各工况，Ⅱ类试验和Ⅲ类试验工况与Ⅰ类试验相同。

Ⅰ类试验工况表　　　　　　　　　　　　　表 5-10

试验工况	试验编号	地震波	方向	加速度峰值(gal)
8 度小震	Ⅰ1	白噪声	X	50
	Ⅰ2	El-Centro 波		200
	Ⅰ3	江油波		
	Ⅰ4	人工波		
	Ⅰ5	白噪声		50
8 度中震	Ⅰ6	El-Centro 波	X	600
	Ⅰ7	江油波		
	Ⅰ8	人工波		
	Ⅰ9	白噪声		50
8 度大震	Ⅰ10	El-Centro 波	X	900
	Ⅰ11	江油波		
	Ⅰ12	人工波		
	Ⅰ13	白噪声		50

5.5　试验现象

根据试验方案对小雁塔模型结构依次进行 8 度小震（0.2g）、8 度中震（0.6g）和 8 度大震（0.9g）下的模拟振动台试验，观察设置与未设置 SMA-SPDS 的小雁塔模型结构的试验现象，如图 5-11 所示。

图 5-11　试验现象图
(*a*) 墙角破坏；(*b*) 券洞裂缝；(*c*) 底部通缝；(*d*) 挑檐破坏

　　在 8 度小震作用时，试验Ⅰ、Ⅱ、Ⅲ的整体响应差别不大，通过在模型顶部设置的观察钢筋可以发现，江油波和人工波作用时顶层的振动响应略大，试验Ⅰ的顶部观察钢筋振动较明显，试验Ⅱ、Ⅲ顶部观察钢筋只有微小振动，塔身其他各层没有裂缝出现，各层券洞和挑檐处也无裂缝开展，小雁塔模型结构整体完好，地震响应较小。当地震波峰值加速度达到 0.4*g* 时，各试验工况的振动响应比小震时均明显，尤其是未设置 SMA-SPDS 的试验Ⅰ工况，模型结构沿东西向振动明显，塔身上部摇晃幅度较大，并伴有灰土掉落，上部券洞附近及挑檐部分均有裂缝出现，东、西两侧面墙体底层出现水平细微裂缝，小雁塔结构整体比较稳定。当峰值加速度达到 0.6*g* 时，可明显的观察到模型结构在不同工况作用下其振动响应的不同，相同地震波条件下试验Ⅱ和试验Ⅲ顶部观察钢筋的振幅明显小于试验Ⅰ，且裂缝开展较小，试验Ⅰ的塔体顶部晃动非常明显，模型东西两侧的塔体底部裂缝从中部向两侧扩展，裂缝贯通，部分区间与底座剥离；南北两侧券洞附近墙体沿灰缝局部开裂，且斜向券洞处延伸，偶尔可听到砖块断裂的声音，塔身上部挑檐部分砖块松动、掉渣，破坏严重；上部券洞处裂缝增多，且与周围墙体裂缝连成区域，出现贯通裂缝。在 8 度大震作用下，观察各试验工况下模型结构顶部的观察钢筋可以发现试验Ⅱ和试验Ⅲ的振幅明显小于试验Ⅰ，减震效果非常明显；试验Ⅰ过程中江油波和人工波对小雁塔模型结构的影响最大，模型结构整体摆动幅度非常大，试验过程中多次听到"噼啪"的砖块断裂声，并伴随上部挑檐处砖块脱落，底层东西两侧塔体瞬间与基座分离后又闭合，放置 SMA-SPDS 后的试验Ⅱ和试验Ⅲ未出现塔体与基座分离现象，且上部结构的摆动幅度明显减小；塔身墙体部分多处砖块断裂，券洞处裂缝错落交织，多处挑檐脱落，塔身中部也形成贯通裂缝，底部墙角处砖块碎裂。

由以上试验现象可以看出，小雁塔结构的塔身中央券洞、塔根部、各层的挑檐以及顶部都是其地震作用下的薄弱部位，其中塔根部和券洞处破坏最为严重；当设置 SMA-SP-DS 后可明显减小塔身上部的地震响应，振幅明显减小，消耗掉了原本应由塔体耗散的能量，塔身处裂缝发展明显放缓，从而对小雁塔模型结构起到消能减震的作用。

5.6　试验结果与分析

5.6.1　模型结构动力特性分析

（1）模型结构自振频率

在结构振动台试验中通常采用白噪声扫频的方法来测试结构在不同强度地震作用后的动力特性，因此在试验过程中每进行一次相同强度的地震作用后，输入加速度峰值为 50gal 的白噪声对模型结构进行扫频，对扫频所得结构加速度响应进行计算，完成小雁塔模型结构的自振频率的求解，所得结果如图 5-12～图 5-14 所示。

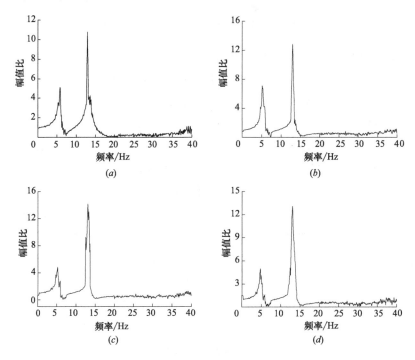

图 5-12　试验Ⅰ模型结构频率曲线图

（a）震前；（b）小震后；（c）中震后；（d）大震后

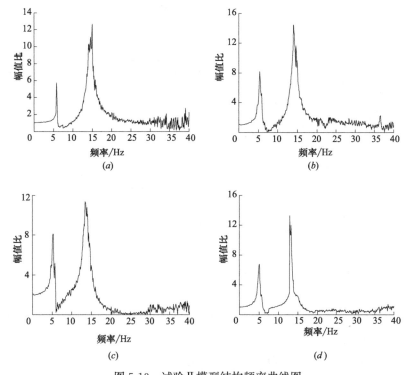

图 5-13　试验Ⅱ模型结构频率曲线图
(*a*) 震前；(*b*) 小震后；(*c*) 中震后；(*d*) 大震后

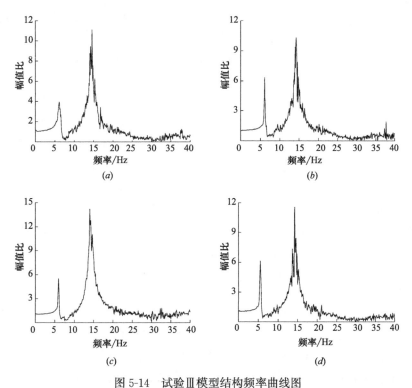

图 5-14　试验Ⅲ模型结构频率曲线图
(*a*) 震前；(*b*) 小震后；(*c*) 中震后；(*d*) 大震后

小雁塔模型结构自振频率和周期 表 5-11

试验工况		一阶		二阶	
		频率(Hz)	周期(s)	频率(Hz)	周期(s)
试验 I	震前	5.83	0.17	14.13	0.071
	小震	5.31	0.19	14.12	0.071
	中震	5.05	0.20	13.98	0.072
	大震	4.71	0.21	13.81	0.072
试验 II	震前	6.08	0.16	15.23	0.066
	小震	5.98	0.17	15.23	0.066
	中震	5.93	0.17	14.97	0.067
	大震	5.45	0.18	14.97	0.067
试验 III	震前	5.88	0.17	15.18	0.066
	小震	5.47	0.18	14.96	0.067
	中震	5.21	0.19	14.88	0.067
	大震	5.07	0.20	14.87	0.067

由图 5-12～图 5-14 以及表 5-11 可以看出：在试验 I 中，震前模型结构的一阶频率为 5.83Hz，经历小震、中震及大震后，模型结构的一阶频率分别为 5.31Hz、5.05Hz 和 4.71Hz，较震前分别降低了 8.9%、13.4% 和 19.2%，二阶频率变化很小，大震后二阶频率较震前降低 2.3%；在试验 II 中，震前模型结构的一阶频率为 6.08Hz，经历小震、中震及大震后，模型结构的一阶频率分别为 5.98Hz、5.93Hz 和 5.45Hz，分别较震前降低了 1.7%、2.5% 和 10.3%，二阶频率略有降低，大震后二阶频率较震前降低 1.7%；在试验 III 中，震前模型结构的一阶频率为 5.88Hz，经历小震、中震及大震后，模型结构的一阶频率分别为 5.47Hz、5.21Hz 和 5.07Hz，分别较震前降低了 6.9%、11.3% 和 13.8%，二阶频率略有降低，但降幅不大，大震后二阶频率较震前降低 2.0%。

分析试验 I、试验 II 和试验 III 各工况的试验结果还可以看出：震前试验 I、试验 II 和试验 III 模型结构的一阶频率分别为 5.83Hz、6.08Hz 和 5.88Hz，即试验 II 和试验 III 模型结构的一阶频率分别比试验 I 提高了 4.3% 和 0.8%；经历小震后试验 I、试验 II 和试验 III 模型结构的一阶频率分别为 5.31Hz、5.98Hz 和 5.47Hz，即试验 II 和试验 III 模型结构的一阶频率分别比试验 I 提高了 12.6% 和 3%；经过中震后试验 I、试验 II 和试验 III 模型结构的一阶频率分别为 5.01Hz、5.93Hz 和 5.21Hz，即试验 II 和试验 III 模型结构的一阶频率分别比试验 I 提高了 23.6% 和 4%；经过大震后试验 I、试验 II 和试验 III 模型结构的一阶频率分别为 4.71Hz、5.45Hz 和 5.07Hz，即试验 II 和试验 III 模型结构的一阶频率分别比试验 I 提高了 15.7% 和 7.6%。

上述试验结果表明，在试验 I 中未设置 SMA-SPDS 的小雁塔模型结构经过地震作用后，其自振频率变化较大，产生了一定损伤；试验 II 和试验 III，设置减震系统后，模型结构的自振频率变化均较小，说明减震系统起到了很好的消能减震作用，且模型结构的刚度变化不大，塔体的损伤较小。尤其是试验 II，由于 SMA3% 的预拉应变使得减震系统拥有较大的耗能能力，可以更多地耗散掉地震能量，使小雁塔模型结构的自振频率变化小，减小了其地震过程中产生的损伤。另外，试验结果还表明，随着地震作用的增加，模型结构的自振频率变化幅度也逐渐增加，试验 I 自振频率的降幅远大于试验 II 和试验 III，说明试验 I 中模型结构的整体刚度降低明显，同时证明了 SMA-SPDS 可有效控制小雁塔模型结构整体刚度的降低，有利于模型结构自身抗震性能的提高。

（2）阻尼比

阻尼比是对结构进行动力分析的基本参数，本书根据半功率带宽法对小雁塔模型结构进行阻尼比的计算，如式（5-1）所示。

$$\xi = \frac{f_b - f_a}{2f_n} \qquad (5-1)$$

其中，f_a、f_b 为相应共振频率两侧当振幅等于共振幅值 $1/\sqrt{2}$ 倍时的扰动频率；f_n 为相应的共振频率。

阻尼比的计算结果见表 5-12 所示，阻尼比的变化趋势如图 5-15 所示。

小雁塔模型结构阻尼比 表 5-12

地震情况	试验 I	试验 II	试验 III
震前	0.0317	0.0338	0.0362
小震	0.0431	0.0349	0.0403
中震	0.0923	0.0536	0.0683
大震	0.1061	0.0608	0.0745

由表 5-12 和图 5-15 可以看出，无论是否设置 SMA-SPDS 小雁塔模型结构的阻尼比变化趋势是一致的，小震后结构阻尼比略有增加，中震和大震条件下结构阻尼比显著增加。然而三种不同工况下阻尼比的增幅不尽相同，试验 I 经历小震、中震及大震后阻尼比依次增加了 36%、114% 和 15%；试验 II 经历小震、中震及大震后阻尼比依次增加了 3%、19% 和 13%；试验 III 经历小震、中震及大震后阻尼比依次增加了 11%、66% 和 9%；由此可以看出当小雁塔结构经历地震

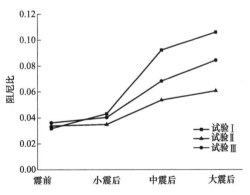

图 5-15 小雁塔模型结构阻尼比变化趋势图

作用时，未设置减震系统的阻尼比增幅最大，说明小雁塔模型结构的损伤积累较大，整体刚度下降较快，塔身的裂缝发展迅速；而设置减震系统后阻尼比增幅减小，且当 SMA 的预拉应变调整到 3% 后，结构的阻尼比增加速度显著降低，塔体结构的损伤较小，有效减少了塔体的损伤积累，同时使得结构的整体刚度缓慢下降，说明减震系统在小雁塔模型结构遭遇地震时起到了非常有效的减震作用。

5.6.2 模型结构加速度响应分析

（1）加速度响应时程

　　小雁塔模型结构分别进行了 El-Centro 波、江油波和人工波作用下的振动台试验，限于篇幅仅给出模型结构的塔身底部（第 1 层）、中部（第 5 层）和顶部（第 13 层）的加速度时程曲线，如图 5-16～图 5-42 所示。

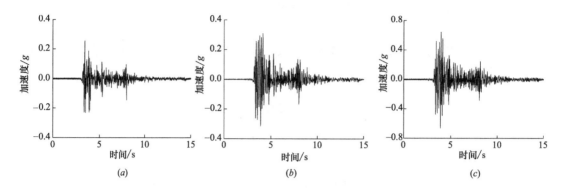

图 5-16　试验Ⅰ8 度小震 El-Centro 作用下加速度时程响应
(a) 塔身底部；(b) 塔身中部；(c) 塔身顶部

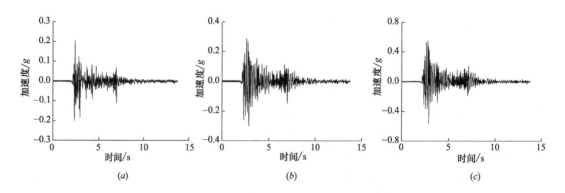

图 5-17　试验Ⅱ8 度小震 El-Centro 波作用下加速度时程响应
(a) 塔身底部；(b) 塔身中部；(c) 塔身顶部

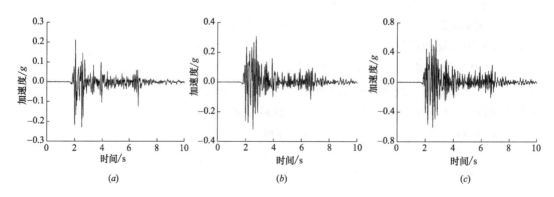

图 5-18　试验Ⅲ8 度小震 El-Centro 波作用下加速度时程响应
(a) 塔身底部；(b) 塔身中部；(c) 塔身顶部

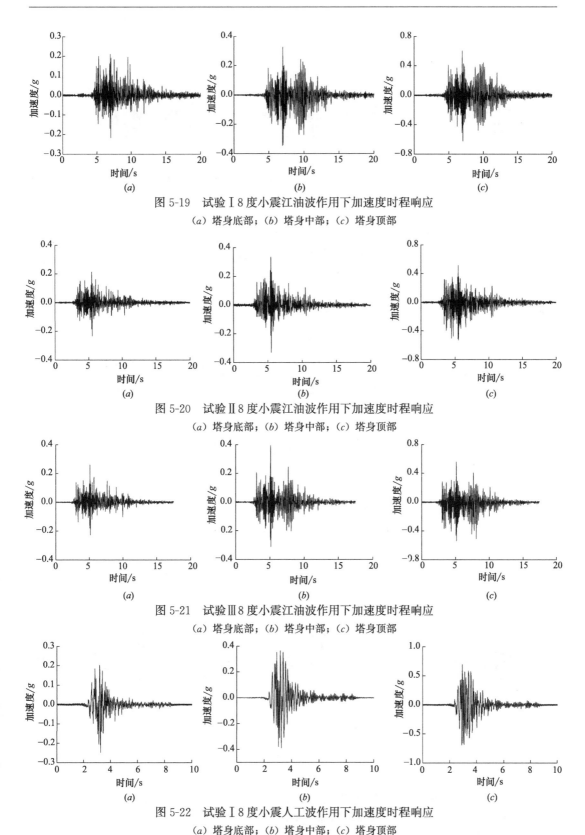

图 5-19 试验Ⅰ8度小震江油波作用下加速度时程响应

(a) 塔身底部；(b) 塔身中部；(c) 塔身顶部

图 5-20 试验Ⅱ8度小震江油波作用下加速度时程响应

(a) 塔身底部；(b) 塔身中部；(c) 塔身顶部

图 5-21 试验Ⅲ8度小震江油波作用下加速度时程响应

(a) 塔身底部；(b) 塔身中部；(c) 塔身顶部

图 5-22 试验Ⅰ8度小震人工波作用下加速度时程响应

(a) 塔身底部；(b) 塔身中部；(c) 塔身顶部

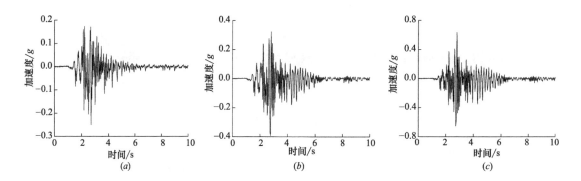

图 5-23　试验 Ⅱ 8 度小震人工波作用下加速度时程响应

(*a*) 塔身底部；(*b*) 塔身中部；(*c*) 塔身顶部

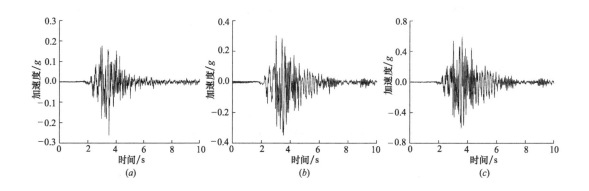

图 5-24　试验 Ⅲ 8 度小震人工波作用下加速度时程响应

(*a*) 塔身底部；(*b*) 塔身中部；(*c*) 塔身顶部

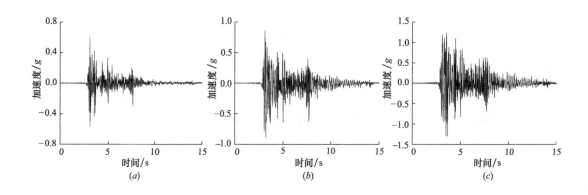

图 5-25　试验 Ⅰ 8 度中震 El-Centro 作用下加速度时程响应

(*a*) 塔身底部；(*b*) 塔身中部；(*c*) 塔身顶部

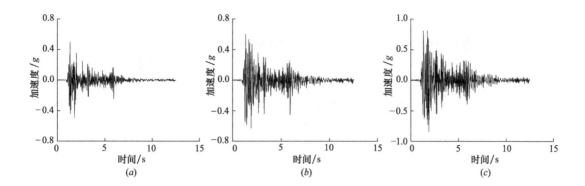

图 5-26　试验Ⅱ8度中震 El-Centro 波作用下加速度时程响应
（a）塔身底部；（b）塔身中部；（c）塔身顶部

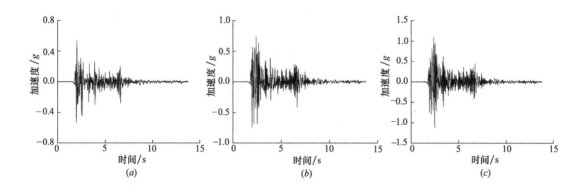

图 5-27　试验Ⅲ8度中震 El-Centro 波作用下加速度时程响应
（a）塔身底部；（b）塔身中部；（c）塔身顶部

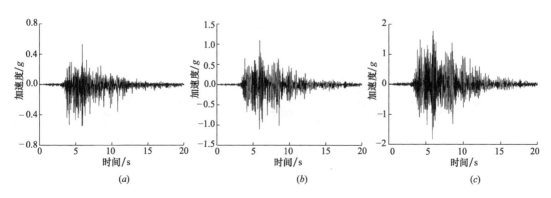

图 5-28　试验Ⅰ8度中震江油波作用下加速度时程响应
（a）塔身底部；（b）塔身中部；（c）塔身顶部

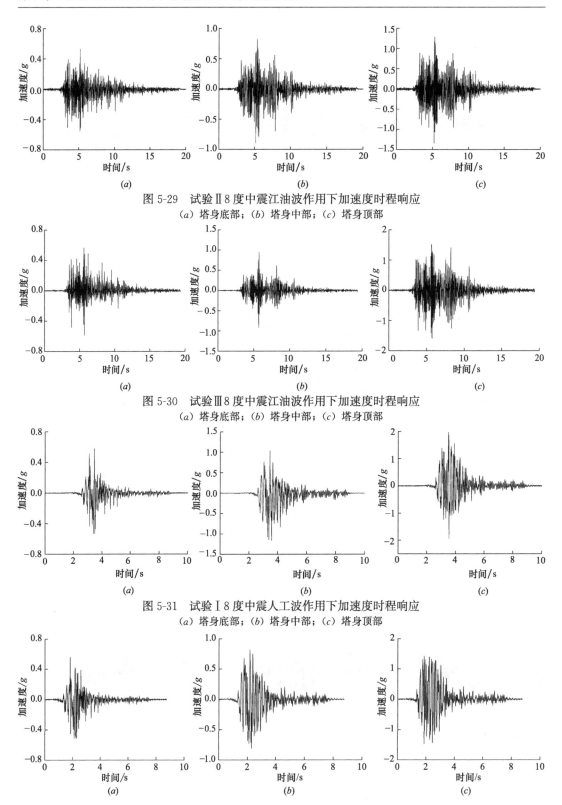

图 5-29　试验 Ⅱ 8 度中震江油波作用下加速度时程响应
(*a*) 塔身底部；(*b*) 塔身中部；(*c*) 塔身顶部

图 5-30　试验 Ⅲ 8 度中震江油波作用下加速度时程响应
(*a*) 塔身底部；(*b*) 塔身中部；(*c*) 塔身顶部

图 5-31　试验 Ⅰ 8 度中震人工波作用下加速度时程响应
(*a*) 塔身底部；(*b*) 塔身中部；(*c*) 塔身顶部

图 5-32　试验 Ⅱ 8 度中震人工波作用下加速度时程响应
(*a*) 塔身底部；(*b*) 塔身中部；(*c*) 塔身顶部

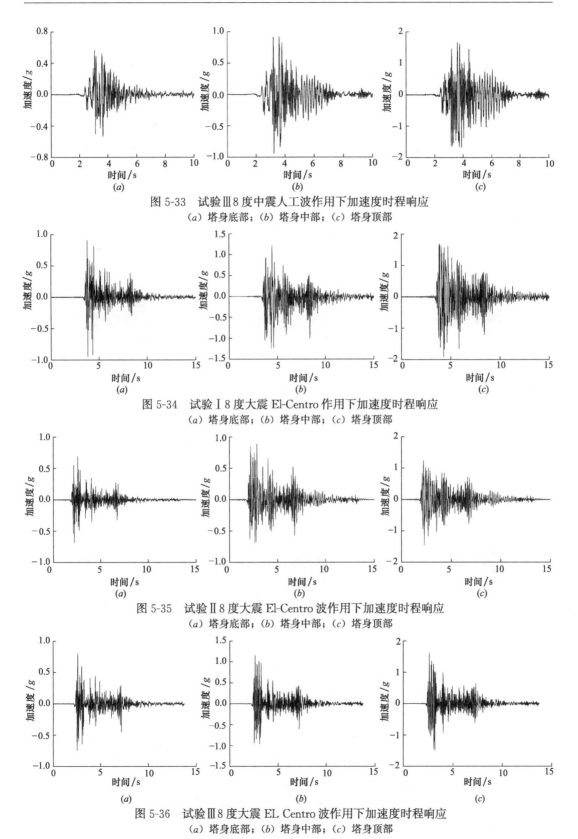

图 5-33 试验Ⅲ 8 度中震人工波作用下加速度时程响应
(a) 塔身底部；(b) 塔身中部；(c) 塔身顶部

图 5-34 试验Ⅰ 8 度大震 El-Centro 作用下加速度时程响应
(a) 塔身底部；(b) 塔身中部；(c) 塔身顶部

图 5-35 试验Ⅱ 8 度大震 El-Centro 波作用下加速度时程响应
(a) 塔身底部；(b) 塔身中部；(c) 塔身顶部

图 5-36 试验Ⅲ 8 度大震 EL Centro 波作用下加速度时程响应
(a) 塔身底部；(b) 塔身中部；(c) 塔身顶部

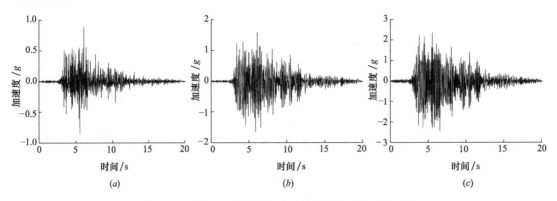

图 5-37　试验Ⅰ8度大震江油波作用下加速度时程响应
(a) 塔身底部；(b) 塔身中部；(c) 塔身顶部

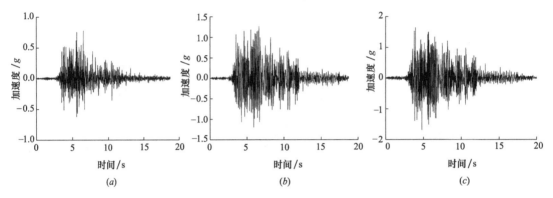

图 5-38　试验Ⅱ8度大震江油波作用下加速度时程响应
(a) 塔身底部；(b) 塔身中部；(c) 塔身顶部

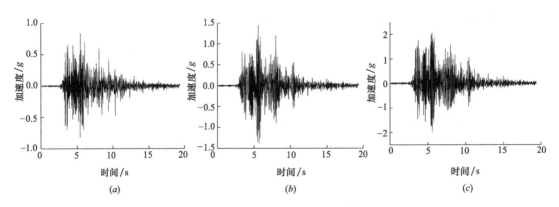

图 5-39　试验Ⅲ8度大震江油波作用下加速度时程响应
(a) 塔身底部；(b) 塔身中部；(c) 塔身顶部

由图 5-16～图 5-42 可以看出，在不同地震波的作用下，小雁塔模型结构的加速度响应剧烈区间与输入地震波基本一致，都集中在输入加速度峰值附近，随着地震波强度减弱，结构的响应也逐渐减小。同时，在不同地震波作用下，模型结构都会有多个加速度响应值较大的点出现，尤其以江油波表现最为明显。小雁塔模型结构的加速度响应峰值，见表 5-13～表 5-21。

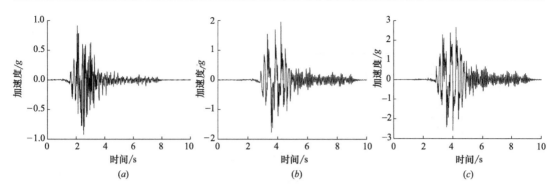

图 5-40　试验Ⅰ8度大震人工波作用下加速度时程响应
(*a*) 塔身底部；(*b*) 塔身中部；(*c*) 塔身顶部

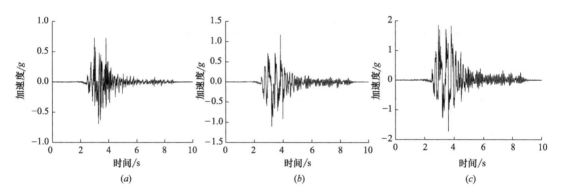

图 5-41　试验Ⅱ8度大震人工波作用下加速度时程响应
(*a*) 塔身底部；(*b*) 塔身中部；(*c*) 塔身顶部

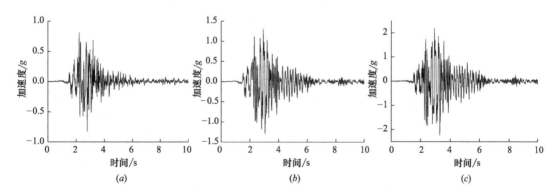

图 5-42　试验Ⅲ8度大震人工波作用下加速度时程响应
(*a*) 塔身底部；(*b*) 塔身中部；(*c*) 塔身顶部

试验Ⅰ8度小震塔身各层加速度最值（g）　　　　表 5-13

位置	El-Centro 波		江油波		人工波	
	Max	Min	Max	Min	Max	Min
台面	0.241	−0.171	0.185	−0.198	0.185	−0.201
1 层	0.255	−0.232	0.209	−0.216	0.203	−0.248
2 层	0.273	−0.266	0.231	−0.263	0.221	−0.276

续表

位置	El-Centro 波		江油波		人工波	
	Max	Min	Max	Min	Max	Min
4 层	0.305	−0.312	0.287	−0.308	0.288	−0.325
5 层	0.308	−0.315	0.325	−0.347	0.367	−0.388
7 层	0.362	−0.412	0.393	−0.419	0.412	−0.472
9 层	0.420	−0.483	0.478	−0.509	0.516	−0.560
10 层	0.610	−0.587	0.519	−0.554	0.565	−0.601
11 层	0.630	−0.623	0.576	−0.583	0.602	−0.633
13 层	0.647	−0.661	0.603	−0.624	0.688	−0.694

试验Ⅱ 8 度小震塔身各层加速度最值（*g*）　　　　表 5-14

位置	El-Centro 波		江油波		人工波	
	Max	Min	Max	Min	Max	Min
台面	0.211	−0.167	0.201	−0.215	0.171	−0.250
1 层	0.205	−0.202	0.212	−0.230	0.176	−0.261
2 层	0.247	−0.243	0.247	−0.261	0.191	−0.273
4 层	0.279	−0.285	0.308	−0.303	0.234	−0.305
5 层	0.291	−0.302	0.335	−0.330	0.303	−0.347
7 层	0.348	−0.379	0.391	−0.382	0.345	−0.401
9 层	0.401	−0.461	0.431	−0.433	0.439	−0.489
10 层	0.483	−0.503	0.457	−0.461	0.503	−0.521
11 层	0.522	−0.538	0.481	−0.479	0.542	−0.584
13 层	0.552	−0.570	0.512	−0.528	0.587	−0.604

试验Ⅲ 8 度小震塔身各层加速度最值（*g*）　　　　表 5-15

位置	El-Centro 波		江油波		人工波	
	Max	Min	Max	Min	Max	Min
台面	0.218	−0.161	0.214	−0.203	0.164	−0.235
1 层	0.212	−0.229	0.257	−0.226	0.173	−0.250
2 层	0.253	−0.265	0.293	−0.245	0.188	−0.273
4 层	0.286	−0.293	0.339	−0.288	0.231	−0.318
5 层	0.308	−0.316	0.392	−0.311	0.324	−0.393
7 层	0.353	−0.401	0.435	−0.36	0.395	−0.477
9 层	0.419	−0.488	0.489	−0.416	0.462	−0.533
10 层	0.525	−0.533	0.507	−0.482	0.537	−0.572
11 层	0.567	−0.572	0.516	−0.501	0.583	−0.621
13 层	0.588	−0.602	0.558	−0.539	0.635	−0.653

试验Ⅰ8度中震塔身各层加速度最值（*g*）　　表 5-16

位置	El-Centro 波		江油波		人工波	
	Max	Min	Max	Min	Max	Min
台面	0.501	−0.492	0.502	−0.511	0.442	−0.447
1 层	0.605	−0.573	0.527	−0.548	0.578	−0.531
2 层	0.689	−0.661	0.616	−0.624	0.790	−0.773
4 层	0.792	−0.797	0.851	−0.885	0.910	−0.892
5 层	0.856	−0.882	1.097	−1.103	1.036	−1.165
7 层	0.983	−1.035	1.311	−1.293	1.291	−1.267
9 层	1.097	−1.127	1.498	−1.416	1.616	−1.634
10 层	1.136	−1.182	1.613	−1.538	1.693	−1.703
11 层	1.185	−1.237	1.689	−1.675	1.780	−1.760
13 层	1.231	−1.304	1.770	−1.815	1.972	−1.938

试验Ⅱ8度中震塔身各层加速度最值（*g*）　　表 5-17

位置	El-Centro 波		江油波		人工波	
	Max	Min	Max	Min	Max	Min
台面	0.465	−0.469	0.507	−0.521	0.434	−0.463
1 层	0.499	−0.492	0.529	−0.556	0.561	−0.511
2 层	0.528	−0.534	0.617	−0.674	0.636	−0.607
4 层	0.569	−0.594	0.733	−0.792	0.743	−0.732
5 层	0.642	−0.676	0.816	−0.895	0.856	−0.873
7 层	0.691	−0.709	0.911	−1.025	0.924	−0.971
9 层	0.732	−0.745	1.121	−1.134	1.078	−1.102
10 层	0.754	−0.790	1.173	−1.203	1.172	−1.160
11 层	0.785	−0.814	1.241	−1.279	1.208	−1.230
13 层	0.886	−0.937	1.338	−1.387	1.461	−1.474

试验Ⅲ8度中震塔身各层加速度最值（*g*）　　表 5-18

位置	El-Centro 波		江油波		人工波	
	Max	Min	Max	Min	Max	Min
台面	0.522	−0.498	0.511	−0.509	0.480	−0.490
1 层	0.541	−0.533	0.562	−0.588	0.567	−0.533
2 层	0.602	−0.591	0.684	−0.703	0.683	−0.659
4 层	0.693	−0.701	0.793	−0.896	0.802	−0.811
5 层	0.732	−0.744	0.948	−0.926	0.916	−0.943
7 层	0.803	−0.816	1.116	−1.195	1.130	−1.201
9 层	0.886	−0.893	1.247	−1.263	1.390	−1.376
10 层	0.915	−0.921	1.365	−1.388	1.460	−1.421
11 层	0.968	−0.964	1.473	−1.486	1.510	−1.542
13 层	1.088	−1.117	1.512	−1.587	1.662	−1.673

试验 I 8 度大震塔身各层加速度最值（g）表 5-19

位置	El-Centro 波		江油波		人工波	
	Max	Min	Max	Min	Max	Min
台面	0.887	−0.802	0.905	−0.816	0.885	−0.902
1 层	0.859	−0.686	0.881	−0.853	0.912	−0.921
2 层	0.909	−0.712	1.050	−1.081	1.324	−1.335
4 层	0.978	−0.874	1.210	−1.226	1.591	−1.498
5 层	1.216	−1.294	1.588	−1.642	1.759	−1.669
7 层	1.407	−1.146	1.675	−1.874	2.183	−2.088
9 层	1.444	−1.234	1.778	−2.159	2.362	−2.133
10 层	1.680	−1.707	2.295	−2.257	2.491	−2.302
11 层	1.786	−1.727	2.337	−2.309	2.533	−2.410
13 层	1.813	−1.914	2.354	−2.460	2.664	−2.589

试验 II 8 度大震塔身各层加速度最值（g）表 5-20

位置	El-Centro 波		江油波		人工波	
	Max	Min	Max	Min	Max	Min
台面	0.861	−0.883	0.835	−0.904	0.877	−0.846
1 层	0.623	−0.518	0.780	−0.623	0.726	−0.693
2 层	0.663	−0.533	0.909	−0.706	0.854	−0.785
4 层	0.667	−0.617	1.178	−0.963	1.021	−0.936
5 层	0.882	−0.897	1.296	−1.227	1.219	−1.201
7 层	0.890	−0.955	1.392	−1.410	1.426	−1.322
9 层	0.965	−1.017	1.526	−1.572	1.594	−1.501
10 层	0.978	−1.299	1.582	−1.605	1.637	−1.589
11 层	1.018	−1.384	1.607	−1.635	1.723	−1.653
13 层	1.239	−1.458	1.739	−1.782	1.830	−1.714

试验 III 8 度大震塔身各层加速度最值（g）表 5-21

位置	El-Centro 波		江油波		人工波	
	Max	Min	Max	Min	Max	Min
台面	0.892	−0.699	0.824	−0.709	0.701	−0.822
1 层	0.807	−0.734	0.836	−0.815	0.811	−0.823
2 层	0.885	−0.858	0.951	−0.901	1.054	−1.068
4 层	0.901	−0.979	1.297	−1.149	1.263	−1.291
5 层	1.071	−1.048	1.448	−1.388	1.402	−1.488
7 层	0.925	−0.911	1.517	−1.571	1.511	−1.539
9 层	1.119	−1.057	1.645	−1.725	1.725	−1.775
10 层	1.510	−1.493	1.799	−1.804	1.819	−1.861
11 层	1.549	−1.612	1.884	−1.911	1.992	−2.087
13 层	1.601	−1.646	2.055	−1.976	2.190	−2.230

由图 5-16～图 5-24 可以看出，8 度小震作用时，模型结构整体的加速度响应较小，其中塔身顶部加速度响应最大，塔身中部次之，塔身底部最小。在试验工况 I 过程中，在 El-Centro 波作用下，模型结构的加速度剧烈响应时间区间集中在 4s 前后，且在短时间内产生多个较大加速度响应值，随后加速度响应很快衰减；江油波的作用与 El-Centro 波有所不同，它的剧烈响应时间区间大，且会持续产生多个加速度较大点，形成一波未平一波又起的现象，剧烈响应持续时间在 6s 以上；人工波的加速度剧烈响应时间区间介于 El-Centro 波和江油波之间，持续时间在 3s 左右；虽然各地震波的剧烈响应时间区间不同，但各层加速度响应峰值基本一致，由表 5-11 可知塔身底部加速度响应峰值分布在 $\pm0.22\sim\pm0.32g$ 之间，塔身中部加速度响应峰值分布在 $\pm0.30\sim\pm0.56g$ 之间，塔身顶部加速度响应峰值分布在 $\pm0.57\sim\pm0.69g$ 之间。试验工况 II 和工况 III 所进行的各地震波作用下模型结构的加速度响应情况与试验 I 基本类似，区别主要体现在加速度响应的幅值上，试验 II 和试验 III 二者塔身顶部加速度响应峰值相近，且均小于试验 I，说明在小震情况下两种不同预拉力的减震系统减震效果差别不大。

8 度中震作用时，小雁塔模型结构塔身顶部的加速度响应较小震作用时明显增大，试验 I、II 和 III 的加速度响应时程如图 5-25～图 5-33 所示。在 El-Centro 波作用下，模型结构前期均出现了较大的加速度响应，随后加速度响应逐渐减小，El-Centro 波作用后期又有小幅振荡上升，模型结构较大的响应集中在 El-Centro 波作用前期。在江油波作用下，模型结构在 5s 左右时出现峰值加速度，峰值出现前后结构加速度响应幅值始终持续在较高的水平，且响应密集，持续时间长，相比 El-Centro 波，江油波的破坏力较大，对模型结构的损害程度大。在人工波作用下，模型结构加速度响应主要集中在试验前期，剧烈持续时间比 El-Centro 波长，加速度分布情况与江油波基本相似，也具有较大的破坏力。由表 5-14-表 5-16 可知，El-Centro 波作用下，试验 II 塔身中部和顶部的加速度峰值较试验 I 下降了 24% 和 28%，试验 III 塔身中部和顶部的加速度峰值较试验 I 下降了 15.1% 和 13.0%；江油波作用下，试验 II 塔身中部和顶部的加速度峰值较试验 I 下降了 22% 和 23.9%，试验 III 塔身中部和顶部的加速度峰值较试验 I 下降了 14.8% 和 13.6%；上海波作用下，试验 II 塔身中部和顶部的加速度峰值较试验 I 下降了 21.4% 和 24.6%，试验 III 塔身中部和顶部的加速度峰值较试验 I 下降了 15.5% 和 14.5%。说明设置减震系统可有效减小模型结构的加速度响应，且调整减震系统中 SMA 丝的预拉力可大幅提高减震系统的减震能力。

8 度大震作用时，小雁塔模型结构的加速度响应较 8 度中震时更加剧烈。El-Centro 波、江油波和人工波的响应特点与 8 度中震相似，但是加速度峰值与 8 度中震情况有明显不同，从图 5-34～图 5-42 和表 5-18～表 5-20 可以看出，试验 I 的加速度峰值显著提高，最大值达 $2.66g$。El-Centro 波作用下，试验 II 塔身中部和顶部的加速度峰值较试验 I 下降了 29% 和 27%，试验 III 塔身中部和顶部的加速度峰值较试验 I 下降了 15.5% 和 12.8%；江油波作用下，试验 II 塔身中部和顶部的加速度峰值较试验 I 下降了 21.8% 和 26.8%，试验 III 塔身中部和顶部的加速度峰值较试验 I 下降了 12.1% 和 16.1%；人工波作用下，试验 II 塔身中部和顶部的加速度峰值较试验 I 下降了 29.4% 和 32.5%，试验 III 塔身中部和顶部的加速度峰值较试验 I 下降了 18.1% 和 14.5%。

通过上述结果可以看出，在不同试验过程中小雁塔模型结构随着地震的增大其加速度响应也逐渐增大，塔身顶部从最初的 $0.6g$ 增加到 $2.58g$。当模型结构中设置 SMA-SPDS 后，可以明显减小地震所带来的加速度响应，平均降幅在 15％左右；当 SMA 丝预拉应变调整在 3％左右时，加速度平均降幅可达 20％以上，减震效果非常明显，然而继续增大预拉应变至 6％以后，减震效果反而减小。究其原因是由于将减震系统中的 SMA 丝预拉应变提高到 6％以后，距离其极限拉应变较近，变形区间减小，其耗能的滞回环较 3％时变小，因此其耗能能力有所降低，但对于本系统而言在小雁塔结构中仍然能起到较好的减震作用。试验结果还反映出中震和大震作用下减震系统的减震效果优于小震，SMA-SPDS 在较大的地震作用下能发挥更好的减震作用，这是因为 SMA-SPDS 中悬摆的摆幅越大带动 SAM 变形就越多，从而其消耗的能量也就越多，减震效果表现也就越好。

（2）最大加速度响应包络图

根据表 5-12～表 5-20 给出的试验 I、试验 II 和试验 III 模型结构各层的加速度响应峰值，可以绘制出模型结构的加速度响应包络图，如图 5-43～图 5-45 所示。

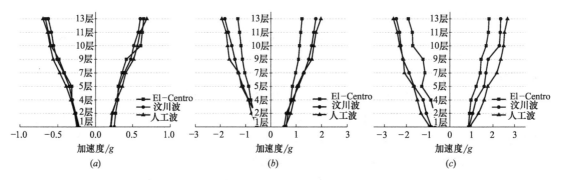

图 5-43　试验 I 各层最大加速度包络图
（a）8 度小震；（b）8 度中震；（c）8 度大震

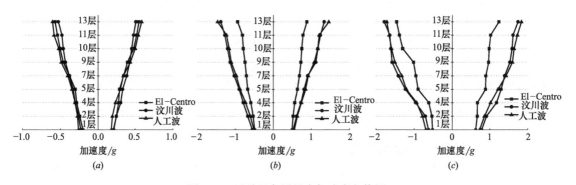

图 5-44　试验 II 各层最大加速度包络图
（a）8 度小震；（b）8 度中震；（c）8 度大震

由图 5-43～图 5-45 可以看出：

1）由于试验选择的三条不同的地震波，各地震波所具有的频谱特性有所差异，因此在同一水准下，所引起的结构加速度响应并不相同，其中由 El-Centro 波所引起的动力响应比江油波和人工波小，从而导致在中震和大震作用下，El-Centro 波的包络图与江油波和人工波的包络图分离。

2）模型结构的加速度峰值随着塔身层数的增加逐渐增大，没有出现较大的突变点，

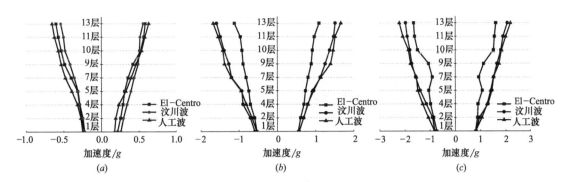

图 5-45 试验Ⅲ各层最大加速度包络图

(a) 8度小震；(b) 8度中震；(c) 8度大震

虽然小雁塔属于高耸结构，但其塔身自下而上逐渐内收，且塔身通体质量均匀，从而不会出现加速度突变，其结构自身具有一定的抗震能力。

3）试验Ⅰ、Ⅱ和Ⅲ在小震、中震和大震作用下其各自对应的包络图形状相似，说明模型结构在地震作用下没有发生明显的集中破坏；但试验Ⅰ包络图中塔身各层的加速度值均大于试验Ⅱ和试验Ⅲ，说明为设置 SMA-SPDS 的模型结构在中震和大震作用下有轻微的损伤出现，损伤积累也是大震加速度峰值显著增大的原因之一；而设置减震系统后，模型结构在中震和大震作用下损伤没有进一步的发展，说明减震系统能够吸收较多的地震能量，减小结构的加速度响应提高其抗震性能。

（3）加速度放大系数

加速度放大系数可利用小雁塔模型结构顶部的加速度峰值与输入加速度最大值之比确定，根据表 5-12～表 5-20 计算出试验Ⅰ、Ⅱ和Ⅲ各地震波作用下的模型结构的加速度放大系数，见表 5-22。

模型结构加速度放大系数 表 5-22

强度	地震波	试验Ⅰ	试验Ⅱ	试验Ⅲ
小震	El-Centro	3.17	2.96	3.13
	江油波	3.21	2.50	2.63
	人工波	3.58	2.83	3.22
中震	El-Centro	2.55	1.95	2.16
	江油波	3.53	2.65	3.03
	人工波	4.39	3.27	3.44
大震	El-Centro	3.13	2.01	2.04
	江油波	3.41	2.63	2.81
	人工波	3.55	2.68	3.11

由表 5-22 可以看出，试验Ⅰ的加速度放大系数较大，试验Ⅱ的加速度放大系数最小，试验Ⅲ加速度放大系数介于试验Ⅰ和试验Ⅱ之间。这是由于模型结构试验Ⅰ未设置减震系统，而试验Ⅱ和试验Ⅲ中设置的 SMA-SPDS 起到了对小雁塔模型结构消能减震的作用，同时说明预拉应变在 3% 左右时减震系统在一定程度上能更好地发挥其优良的耗能能力。

5.6.3　模型结构位移响应分析

（1）位移响应时程

通过在小雁塔模型结构上布置的位移传感器对模型结构进行不同地震波作用下的位移响应测定，限于篇幅仅给出模型结构塔身顶部（第 13 层）的位移时程曲线，如图 5-46～图 5-54 所示。

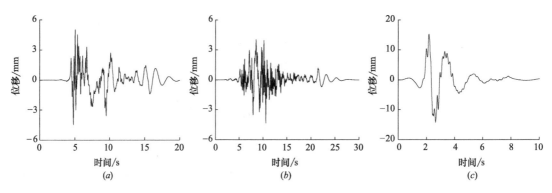

图 5-46　试验Ⅰ8 度小震塔身顶部位移时程响应

（a）El-Centro 波；（b）江油波；（c）人工波

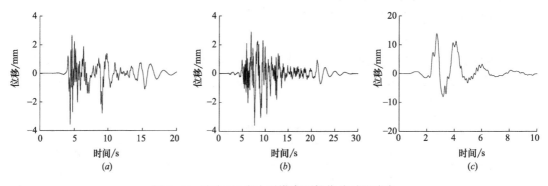

图 5-47　试验Ⅱ8 度小震塔身顶部位移时程响应

（a）El-Centro 波；（b）江油波；（c）人工波

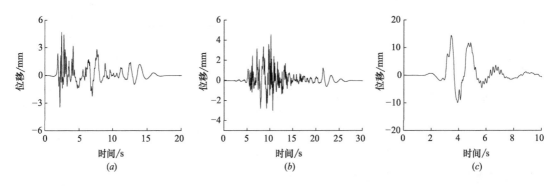

图 5-48　试验Ⅲ8 度小震塔身顶部位移时程响应

（a）El-Centro 波；（b）江油波；（c）人工波

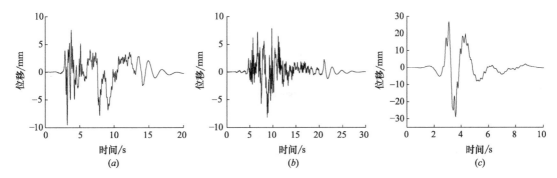

图 5-49 试验Ⅰ8 度中震塔身顶部位移时程响应
(a) El-Centro 波；(b) 江油波；(c) 人工波

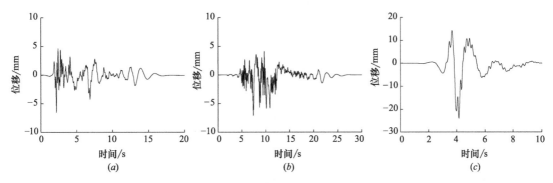

图 5-50 试验Ⅱ8 度中震塔身顶部位移时程响应
(a) El-Centro 波；(b) 江油波；(c) 人工波

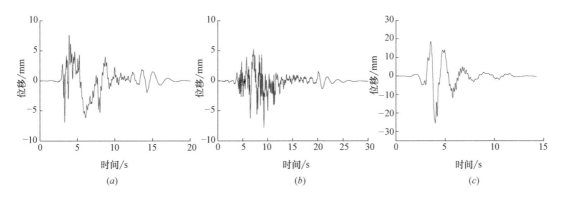

图 5-51 试验Ⅲ8 度中震塔身顶部位移时程响应
(a) El-Centro 波；(b) 江油波；(c) 人工波

由图 5-46～图 5-54 可以看出，试验Ⅰ中各地震波作用下的位移响应均较大，其中人工波对小雁塔模型的响应最为明显；试验Ⅱ和试验Ⅲ的位移响应均小于试验Ⅰ，说明 SMA-SPDS 在地震波作用下可以有效地减小模型结构的位移；从整体试验效果来看，中震和大震作用下的减震效果明显，增大减震系统中 SMA 丝的预拉应变减震能力略有降低，但仍可有效地控制模型结构的位移响应。

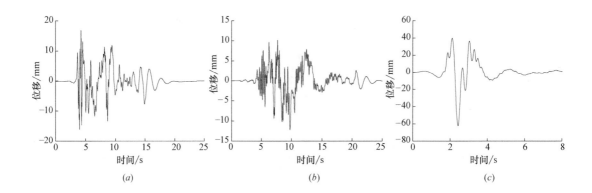

图 5-52　试验 I 8 度大震塔身顶部位移时程响应

(a) El-Centro 波；(b) 江油波；(c) 人工波

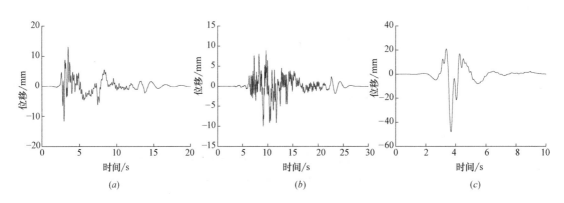

图 5-53　试验 II 8 度大震塔身顶部位移时程响应

(a) El-Centro 波；(b) 江油波；(c) 人工波

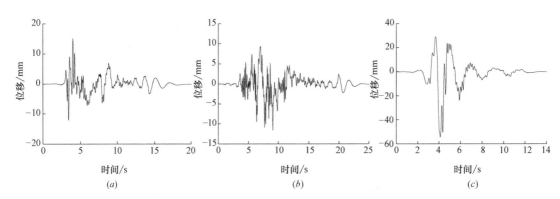

图 5-54　试验 III 8 度大震塔身顶部位移时程响应

(a) El-Centro 波；(b) 江油波；(c) 人工波

（2）小雁塔模型结构最大相对位移包络图

小雁塔模型结构各层的相对位移见表 5-23～表 5-31，根据试验数据的计算结果可以绘制出模型结构的最大相对位移包络图，如图 5-55～图 5-57 所示。

试验Ⅰ8 度小震塔身各层相对位移最大值（mm） 表 5-23

位置	El-Centro 波		江油波		人工波	
	实测位移	相对位移	实测位移	相对位移	实测位移	相对位移
台面	1.814	0.000	2.260	0.000	9.845	0.000
1 层	2.469	0.655	3.229	0.969	10.379	0.534
2 层	3.047	1.233	3.395	1.135	10.824	0.979
4 层	3.517	1.703	3.607	1.347	11.345	1.500
5 层	4.020	2.206	3.941	1.681	11.718	1.873
7 层	3.335	1.521	4.041	1.781	12.345	2.500
9 层	3.893	2.079	4.212	1.952	13.389	3.544
11 层	4.670	2.856	4.386	2.126	14.235	4.390
13 层	5.011	3.197	4.354	2.094	15.163	5.318

试验Ⅰ8 度中震塔身各层相对位移最大值（mm） 表 5-24

位置	El-Centro 波		江油波		人工波	
	实测位移	相对位移	实测位移	相对位移	实测位移	相对位移
台面	3.666	0.000	4.639	0.000	18.696	0.000
1 层	3.898	0.232	5.423	0.784	20.585	1.889
2 层	4.755	1.089	5.701	1.062	21.539	2.843
4 层	6.194	2.528	6.178	1.539	23.251	4.555
5 层	8.634	4.968	7.036	2.397	24.309	5.613
7 层	6.135	2.469	7.290	2.651	23.553	4.857
9 层	8.041	4.375	6.842	2.203	26.159	7.463
11 层	9.247	5.581	6.902	2.263	28.039	9.343
13 层	9.485	5.819	8.169	3.530	28.892	10.196

试验Ⅰ8 度大震塔身各层相对位移最大值（mm） 表 5-25

位置	El-Centro 波		江油波		人工波	
	实测位移	相对位移	实测位移	相对位移	实测位移	相对位移
台面	4.970	0.000	6.326	0.000	30.230	0.000
1 层	5.445	0.475	8.006	1.680	33.162	2.932
2 层	6.660	1.690	8.867	2.541	41.355	11.125
4 层	8.734	3.764	8.636	2.310	48.208	17.978
5 层	13.863	8.893	11.654	5.328	45.756	15.526
7 层	7.969	2.999	8.731	2.405	51.441	21.211
9 层	10.855	5.885	10.083	3.757	55.671	25.441
11 层	15.656	10.686	10.159	3.833	59.818	29.588
13 层	16.849	11.879	12.234	5.908	62.067	31.837

试验Ⅱ 8 度小震塔身各层相对位移最大值（mm）　　　　表 5-26

位置	El-Centro 波		江油波		人工波	
	实测位移	相对位移	实测位移	相对位移	实测位移	相对位移
台面	1.529	0.000	2.218	0.000	10.361	0.000
1 层	1.941	0.412	2.571	0.353	10.786	0.425
2 层	2.094	0.565	2.826	0.608	10.920	0.559
4 层	2.160	0.631	3.097	0.879	11.311	0.950
5 层	2.313	0.784	3.155	0.937	11.704	1.343
7 层	2.556	1.027	2.934	0.716	12.350	1.989
9 层	2.928	1.399	3.056	0.838	12.939	2.578
11 层	3.312	1.783	3.236	1.018	13.654	3.293
13 层	3.550	2.021	3.594	1.376	13.870	3.509

试验Ⅱ 8 度中震塔身各层相对位移最大值（mm）　　　　表 5-27

位置	El-Centro 波		江油波		人工波	
	实测位移	相对位移	实测位移	相对位移	实测位移	相对位移
台面	3.551	0.000	4.626	0.000	16.916	0.000
1 层	3.815	0.264	5.429	0.803	17.691	0.775
2 层	4.220	0.669	5.822	1.196	18.219	1.303
4 层	5.014	1.463	6.319	1.693	18.685	1.769
5 层	6.835	3.284	6.647	2.021	19.829	2.913
7 层	5.728	2.177	6.815	2.189	21.276	4.360
9 层	5.895	2.344	6.905	2.279	22.516	5.600
11 层	8.652	5.101	7.012	2.386	23.132	6.216
13 层	7.668	4.117	7.068	2.442	23.973	7.057

试验Ⅱ 8 度大震塔身各层相对位移最大值（mm）　　　　表 5-28

位置	El-Centro 波		江油波		人工波	
	实测位移	相对位移	实测位移	相对位移	实测位移	相对位移
台面	5.166	0.000	6.636	0.000	26.168	0.000
1 层	5.749	0.583	7.594	1.658	30.928	1.760
2 层	6.189	1.023	7.823	1.887	35.533	6.365
4 层	8.107	2.941	8.099	2.163	40.919	11.751
5 层	10.218	5.052	9.726	3.790	41.359	12.191
7 层	6.996	1.830	7.890	1.954	43.464	14.296
9 层	10.405	5.239	8.506	2.570	47.965	18.797
11 层	12.160	6.994	9.245	3.309	53.732	24.564
13 层	13.217	8.051	10.034	4.098	49.493	23.325

试验Ⅲ8度小震塔身各层相对位移最大值（mm）　　　　表 5-29

位置	El-Centro 波		江油波		人工波	
	实测位移	相对位移	实测位移	相对位移	实测位移	相对位移
台面	1.787	0.000	2.882	0.000	9.980	0.000
1 层	2.194	0.407	3.423	0.541	10.564	0.584
2 层	2.362	0.575	3.708	0.826	10.701	0.721
4 层	2.624	0.837	3.934	1.052	11.081	1.101
5 层	3.146	1.359	4.355	1.473	11.510	1.530
7 层	2.824	1.037	3.905	1.023	12.124	2.144
9 层	3.333	1.546	4.364	1.482	13.190	3.210
11 层	4.073	2.286	4.842	1.960	13.995	4.015
13 层	4.690	2.903	4.227	1.345	14.526	4.546

试验Ⅲ8度中震塔身各层相对位移最大值（mm）　　　　表 5-30

位置	El-Centro 波		江油波		人工波	
	实测位移	相对位移	实测位移	相对位移	实测位移	相对位移
台面	3.493	0.000	4.585	0.000	16.885	0.000
1 层	4.099	0.606	5.634	1.049	17.958	1.073
2 层	4.532	1.039	5.806	1.221	18.619	1.734
4 层	5.200	1.707	5.967	1.382	19.154	2.269
5 层	5.901	2.408	7.028	2.443	20.143	3.258
7 层	6.343	2.850	6.399	1.814	21.184	4.299
9 层	6.543	3.050	6.851	2.266	23.656	6.771
11 层	7.500	4.007	7.150	2.565	24.762	7.877
13 层	8.309	4.816	7.782	3.197	25.527	8.642

试验Ⅲ8度大震塔身各层相对位移最大值（mm）　　　　表 5-31

位置	El-Centro 波		江油波		人工波	
	实测位移	相对位移	实测位移	相对位移	实测位移	相对位移
台面	6.023	0.000	6.724	0.000	28.513	0.000
1 层	6.393	0.370	8.336	1.612	31.263	2.750
2 层	7.540	1.517	8.752	2.028	38.506	9.993
4 层	9.124	3.101	9.508	2.784	40.742	12.229
5 层	13.623	7.600	10.764	4.040	43.737	15.224
7 层	8.486	2.463	8.903	2.179	46.487	17.974
9 层	12.004	5.981	9.748	3.024	50.318	21.805
11 层	14.722	8.699	10.532	3.808	54.660	26.147
13 层	15.214	9.191	11.666	4.942	54.370	25.857

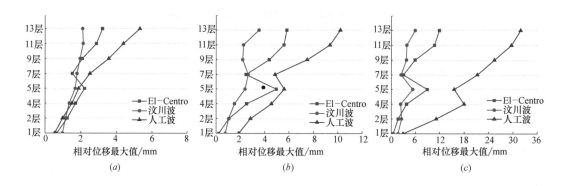

图 5-55　试验Ⅰ各层相对位移最大值包络图
(a) 8 度小震；(b) 8 度中震；(c) 8 度大震

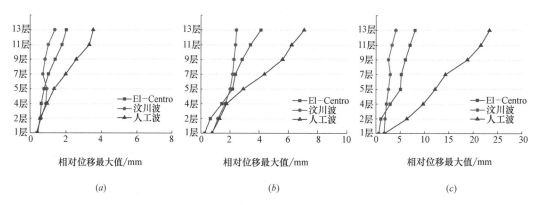

图 5-56　试验Ⅱ各层相对位移最大值包络图
(a) 8 度小震；(b) 8 度中震；(c) 8 度大震

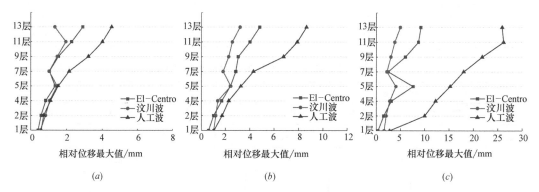

图 5-57　试验Ⅲ各层相对位移最大值包络图
(a) 8 度小震；(b) 8 度中震；(c) 8 度大震

　　由图 5-55～图 5-57 可以看出，试验Ⅰ的相对位移最大值在第五层处有突变，但模型结构没有发生明显的集中破坏，这主要是由于小雁塔在新中国成立初期修复时在塔身不同的楼层处设置了混凝土楼板，但楼板与楼板之间并未设置有效可靠的连接，使塔身形成了多个单独受力的区段；在设置 SMA-SPDS 后，塔身的位移突变情况明显改善，尤其是试验Ⅱ基本消除了相对位移突变，且相对位移值明显减小。对比各试验的小震、中震和大震工况可以发现,小震作用下,试验Ⅱ和试验Ⅲ的相对位移差别不大,只是略小于试验Ⅰ的相对位移,说明减震系统在小震作用下发挥的作用不太明显;当模型结构经历中震和大震作用时,试验Ⅱ和试验Ⅲ的各层相对位移明显小于试验Ⅰ,且随着地震强度的增大,减震效果越好;试验Ⅱ对减小相对位移的突变作用有非常显著的效果,如8度大震作用下,试验Ⅰ塔身顶部13层的相对层间最大位移为31.837mm,而试验Ⅱ和Ⅲ塔身顶部13层最大相对位移分别为23.325mm和25.857mm,分别比试验Ⅰ下降了26.74%和18.78%。

通过上述小雁塔模型结构振动台试验结果还可以发现,设置SMA-SPDS后,在中震和大震作用下,模型结构塔身整体的加速度和位移响应都得到明显的降低,模型结构的底部剪力和剪切变形都有所减小,说明原本应有结构自身承受的地震能量被SMA-SPDS吸收;同时,由于模型结构的加速度和位移响应的减小,可减小塔体结构的倾覆力矩,从而可以防止塔身"分段"处产生错位变形,避免塔身出现"分段"式的倾覆破坏。

5.7 本章小结

本章根据小雁塔原型结构的现状,考虑其建造材料的特殊性,设计制作了一个比例为1/10的小雁塔模型结构,并将SMA-SPDS集成于该模型结构中,通过模拟地震振动台试验,得到以下结论:

(1)小雁塔模型结构的制作材料为经过加工处理的20世纪五六十年代的青砖,胶结材料主要为生石灰、原状黄土和糯米浆搅拌而成。通过对制作材料的力学性能试验可知,小雁塔模型结构所用材料强度与现场测试数据接近,可以较好地反映小雁塔原型结构的材料特性。

(2)以小雁塔结构材料特性研究为基础,对4个模拟小雁塔塔体结构的墙体试件进行低周反复加载试验,研究了小雁塔塔体结构的破坏形态与层间位移角的关系,结合已有研究成果并考虑小雁塔结构的文物价值和保护意义,提出了小雁塔塔体结构各种损伤状态所对应的层间位移角限值的建议区间,可供同类砖石古塔结构的损伤评定参考。

(3)对试验工况Ⅰ、工况Ⅱ和工况Ⅲ在震前、8度小震后、8度中震后及8度大震后分别进行了白噪声扫频,结果表明:未设置SMA-SPDS的小雁塔模型结构经过地震作用后,其自振频率变化较大;设置减震系统后,模型结构的自振频率变化均较小,减震系统起到了较好的作用消能减震作用,塔体的损伤很小,说明SMA-SPDS可有效控制小雁塔模型结构整体损伤情况,有利于模型结构自身抗震性能的提高。

(4)本书根据半功率带宽法对小雁塔模型结构进行阻尼比的计算,结果表明:无论是否设置SMA-SPDS小雁塔模型结构的阻尼比变化趋势一致,都是小震后结构阻尼比略有增加,中震和大震条件下结构阻尼比显著增加;未设置减震系统的模型结构阻尼比增幅最大,损伤积累也较大,整体刚度下降较快,塔身的裂缝发展迅速;而设置减震系统后阻尼比增幅减小,且当SMA的预拉应变为3%时,结构的阻尼比增加速度显著降低,有效减少了塔体的损伤积累,结构的整体刚度缓慢下降,减震系统在小雁塔模型结构遭遇地震时起到了非常有效的减震作用。

(5)通过对小雁塔结构进行El-Centro波、江油波和人工波的振动台试验,得到了小雁塔模型结构塔身底部、中部和顶部的加速度响应时程、各层最大加速度包络图和加速度放大系数，结果表明：模型结构的加速度峰值随着塔身层数的增加逐渐增大，但没有出现较大的突变点，虽然小雁塔属于高耸结构，但其塔身自下而上逐渐内收，且塔身通体质量均匀，其结构自身具有一定的抗震能力；模型结构中设置 SMA-SPDS 后，可以明显减小地震所带来的加速度响应，平均降幅在 15％左右；当调整 SMA 丝预拉应变为 3％时，加速度平均降幅可达 20％以上，减震效果非常明显；试验结果还表明中震和大震作用下减震系统的减震效果优于小震，SMA-SPDS 在较大的地震作用下能发挥更好的减震作用。

（6）设置 SMA-SPDS 可有效控制小雁塔模型结构的位移响应，未设置 SMA-SPDS 时塔身中部最大位移出现突变，在设置减震系统后，塔身的位移突变情况明显改善，尤其是试验 II 基本消除了相对位移突变，且相对位移值明显减小，最大可达 25％以上，说明原本应有塔体来承受的地震能量被 SMA-SPDS 吸收。

（7）小雁塔模型结构振动台试验结果还表明：小雁塔现存结构中设置钢筋混凝土梁板后整体结构呈剪切变形，SMA-SPDS 可有效地将原本"分离"式的小雁塔结构可靠的连接，形成一个抗震的整体，减小塔体结构的倾覆力矩，控制结构变形，从而可以防止塔身"分段"处产生错位变形，避免塔身出现"分段"式的倾覆破坏。

第 6 章 设置 SMA-SPDS 的小雁塔结构仿真分析及优化建议

6.1 概述

Simulink 是 Matlab 中的一种可视化仿真工具，可实现动态系统建模、仿真和分析，被广泛应用于线性/非线性系统、数字控制及数字信号处理的建模和仿真中[160-162]。在动态系统建模中，Simulink 提供了一个建立模型方块图的图形用户接口，可方便地构造出结构的仿真模型，避免了对数学方程大量的编程和调试工作，并摆脱了烦琐的编程细节[163]，而且可以容易地找到错误并对其进行修改。

为了更好地研究 SMA-SPDS 在小雁塔结构中消能减震的作用，以小雁塔模型结构振动台试验为基础，结合原型结构现状，利用 Simulink 建立小雁塔结构在设置 SMA-SPDS 下的 Simulink 仿真模型[164-166]，对小雁塔模型结构进行地震作用下的仿真分析，并将此方法应用到小雁塔原型结构的动力响应分析，同时根据第 4 章优化理论对原型结构在未来利用 SMA-SPDS 进行减震保护的理念提出工程优化设计方案。

6.2 结构运动方程

由结构动力学可知，无阻尼多自由度体系自由振动方程为：

$$M\ddot{u} + Ku = 0 \qquad (6\text{-}1)$$

式中，M 为结构质量矩阵；$\ddot{u}$ 为结构加速度列向量；K 为结构刚度矩阵；u 为结构位移列向量。

当无阻尼多自由度体系受任意荷载作用时，结构体系的振动方程为：

$$M\ddot{u} + Ku = p \qquad (6\text{-}2)$$

式中，p 为作用在结构上的外力。

由于阻尼是结构本身所固有的特性，在实际结构中不存在无阻尼的结构。结构的阻尼通常是由多种能量耗散机制共同引起，为了计算方便，通常把结构阻尼理想化为等效黏滞阻尼，即：质点的速度与阻尼力大小成正比，阻尼力的方向与速度方向相反，则任意荷载作用下多自由度体系的振动方程可写成[167]：

$$M\ddot{u} + C\dot{u} + Ku = p \qquad (6\text{-}3)$$

式中，C 为结构阻尼；$\ddot{u}$、$\dot{u}$ 和 u 分别为结构加速度、速度和位移的列向量。

6.3　小雁塔结构动力分析模型

6.3.1　基本假定

通常情况下，结构地震响应的动力模型有层间模型、杆系模型和细观模型三类[168-170]。其中层间模型是以一个楼层为基本单元，将各层竖向构件合并为一个竖杆，用结构楼层等效侧移刚度作为层刚度，将结构全部质量分别集中在各层楼盖处，形成一个串联质点系振动模型。由于层间模型具有自由度少，计算简便且工作量小等优点，因此广泛应用于结构地震响应分析。

由于小雁塔结构是重要的历史建筑，对其动力分析有别于普通建筑结构。小雁塔结构一旦进入非线性阶段，则会发生毁灭性的破坏，因此本书以最大限度保护小雁塔结构为原则，不允许其结构进入非线性阶段。

由第 5 章振动台试验结果可以看出小雁塔结构在地震作用下的整体变形呈剪切型。因此，本书假定小雁塔结构在楼板平面内刚度无限大，并不考虑扭转效应，采用层间剪切串联多自由度振动模型进行分析。

6.3.2　小雁塔结构抗震状态运动方程

当小雁塔结构未设置任何减震系统时，只能靠其结构自身来抵抗地震作用。由基本假定可知，小雁塔结构体系的运动方程可写成：

$$M\ddot{x} + C\dot{x} + Kx = -M\ddot{x}_g \tag{6-4}$$

式中，M、C、K 分别为小雁塔结构的质量矩阵、阻尼矩阵和刚度矩阵；x、$\dot{x}$、$\ddot{x}$ 分别为小雁塔结构相对于地面的水平位移向量、速度向量、加速度向量；$\ddot{x}_g$ 为地面运动加速度向量。

其中：
$$x = \begin{Bmatrix} x_1 \\ x_2 \\ \vdots \\ x_{12} \\ x_{13} \end{Bmatrix}; \quad \dot{x} = \begin{Bmatrix} \dot{x}_1 \\ \dot{x}_2 \\ \vdots \\ \dot{x}_{12} \\ \dot{x}_{13} \end{Bmatrix}; \quad \ddot{x} = \begin{Bmatrix} \ddot{x}_1 \\ \ddot{x}_2 \\ \vdots \\ \ddot{x}_{12} \\ \ddot{x}_{13} \end{Bmatrix}; \quad \ddot{x}_g(t) = \begin{Bmatrix} \ddot{x}_g \\ \ddot{x}_g \\ \vdots \\ \ddot{x}_g \\ \ddot{x}_g \end{Bmatrix};$$

$$M = \begin{bmatrix} m_1 & & & & \\ & m_2 & & 0 & \\ & & \ddots & & \\ & 0 & & m_{12} & \\ & & & & m_{13} \end{bmatrix}; \quad C = \begin{bmatrix} c_1+c_2 & -c_2 & & & \\ -c_2 & c_2+c_3 & -c_3 & & \\ & \ddots & \ddots & \ddots & \\ & & -c_{12} & c_{12}+c_{13} & -c_{13} \\ & & & -c_{13} & c_{13} \end{bmatrix};$$

$$K = \begin{bmatrix} k_1+k_2 & -k_2 & & & \\ -k_2 & k_2+k_3 & -k_3 & & \\ & \ddots & \ddots & \ddots & \\ & & -k_{12} & k_{12}+k_{13} & -k_{12} \\ & & & -k_{13} & k_{13} \end{bmatrix}$$

式中，m_i、k_i 和 c_i 分别为小雁塔结构第 i 层的质量、刚度和阻尼；x_i、$\dot{x}_i$、$\ddot{x}_i$ 分别为小雁塔结构第 i 层相对于基础顶面的水平位移、速度和加速度；$\ddot{x}_g(t)$ 为地面运动加速度。

6.3.3 小雁塔结构减震状态运动方程

由上文可知小雁塔结构采用层间剪切串联多自由度振动模型，结构中设置多个 SMA-SPDS 与地震荷载共同作用作为结构的输入进行振动分析，因此，当小雁塔结构设置多个减震系统时其状态方程可写成：

$$\hat{M}\ddot{U} + \hat{C}\dot{U} + \hat{K}U = \hat{M}I\ddot{x}_g \tag{6-5}$$

式中，$\hat{M}$、$\hat{C}$、$\hat{K}$ 分别为小雁塔减震结构的质量矩阵、阻尼矩阵和刚度矩阵，$\hat{M} = \begin{bmatrix} M & 0 \\ 0 & \overline{M} \end{bmatrix}$，$\hat{K} = \begin{bmatrix} K+P^{\mathrm{T}}\overline{K}P & -P\overline{K} \\ -\overline{K}P^{\mathrm{T}} & \overline{K} \end{bmatrix}$，$\hat{C} = \begin{bmatrix} C+P^{\mathrm{T}}\overline{K}P & -P\overline{K} \\ -\overline{K}P^{\mathrm{T}} & \overline{K} \end{bmatrix}$，$U = \begin{bmatrix} x \\ \overline{x} \end{bmatrix}$，其中，$\overline{M}$、$\overline{C}$、$\overline{K}$ 分别为 SMA-SPDS 的质量矩阵、阻尼矩阵和刚度矩阵，P 为 $n \times m$ 阶位置矩阵，m 为减震装置位置数量，在减震装置位置处为 1，其余元素为 0；U、$\dot{U}$、$\ddot{U}$ 分别为小雁塔减震结构相对于地面的水平位移向量、速度向量、加速度向量，$\overline{x}$ 为减震装置相对于地面的水平位移向量；I 为与左乘向量同维数的单位列向量；$\ddot{x}_g$ 为地面运动加速度向量。

6.3.4 小雁塔结构的阻尼

根据小雁塔结构的抗震和减震两种运动状态，其阻尼矩阵分别为 $n \times n$ 矩阵和 $(n+m) \times (n+m)$ 矩阵。为计算方便，在非线性动力分析中，阻尼矩阵通常假定为瑞利阻尼[171]，即：

$$C = \alpha M + \beta K \tag{6-6}$$

式中，α 和 β 为比例常数，可由下式求得：

$$\alpha = \frac{2\omega_i\omega_j(\xi_j\omega_i - \xi_i\omega_j)}{\omega_i^2 - \omega_j^2}; \beta = \frac{2(\xi_i\omega_i - \xi_j\omega_j)}{\omega_i^2 - \omega_i^2}$$

式中，ξ_i 和 ξ_j 为结构第 i 阶和第 j 阶阻尼比，ω_i 和 ω_j 为结构第 i 阶和第 j 阶自振圆频率。

6.4 设置减震系统的小雁塔结构仿真过程

6.4.1 Simulink 仿真算法

考虑到减震系统的非线性特性，结构的运动方程中可以把减震系统的非线性恢复力拿出来单独考虑，这种处理方式不但可以节省计算资源和加快计算速度，其非比例阻尼部分也可以作为非线性部分按照减震系统恢复力处理。假设 f 为结构体系的所有非线性力项，其他的结构矩阵都可以表示为对角形式，则设置减震系统的小雁塔结构的动力分析方程可以按下式表示

$$M\ddot{x}+C\dot{x}+Kx=-M\ddot{x}_g+f \tag{6-7}$$

若将式（6-7）的动力方程的右边项看成是左边结构体系的扰动荷载，则式（6-7）就变成了一个线性体系的动力方程，然后即可直接采用合适的数值积分方法，得到不同动力荷载下结构的动力响应。由式（6-7）可以得到结构增量形式的微分动力方程：

$$M\Delta\ddot{x}+C\Delta\dot{x}+K\Delta x=-M\Delta\ddot{x}_g+\Delta f \tag{6-8}$$

可以看出，在每个积分步长内，小雁塔结构的整体动力方程实际上是一个线性的方程组，这样就可以采用 Wilison-θ 法或 Newmark-β 法[171,172]求解。但由于设置减震装置层的非线性影响，可以采用变步长的数值积分方法，选取的积分步长应根据设置减震装置层非线性特性的变化而设置。

Matlab 中求微分方程数值解的函数有七个：ode45，ode23，ode113，ode15s，ode23s，ode23t，ode23tb[173]。其中 ode45 求解器是基于显式四阶-五阶 Runge-Kutta 算法的功能函数，它用 4 阶方法提供候选解，5 阶方法控制误差，是一种变步长的常微分方程数值解法。而 Simulink 中直接提供了这种算法可以调用，省去了 Matlab 程序编程的复杂性和烦琐性，本书在 Simulink 仿真中选择 ode45 算法。

6.4.2　小雁塔结构仿真模型建立

将设置 SMA-SPDS 的小雁塔结构分为小雁塔主体结构和 SMA-SPDS 两部分考虑，可分别列出各自的运动方程。

考虑 SMA-SPDS 的作用，小雁塔主体结构运动方程可表示为：

$$M\ddot{x}+C\dot{x}+Kx=-M\ddot{x}_g+P^{\mathrm{T}}f \tag{6-9}$$

式中，M、C、K 分别为小雁塔结构的质量矩阵、阻尼矩阵和刚度矩阵；x、$\dot{x}$、$\ddot{x}$ 分别为小雁塔结构相对于地面的水平位移向量、速度向量、加速度向量；$\ddot{x}_g$ 为地面运动加速度向量；P 为 $n\times m$ 阶设置矩阵，m 为减震装置设置数量，在减震系统设置位置处为 1，其余元素为 0；f 为被动控制力向量，$f=\overline{C}\,(\dot{\overline{x}}-P\dot{x})+\overline{K}\,(\overline{x}-P\,\overline{x})$，$\overline{x}$ 和 $\dot{\overline{x}}$ 分别为减震装置的位移向量和速度向量。

引入状态向量：$Z=\begin{bmatrix}x(t)\\\dot{x}(t)\end{bmatrix}_{2n\times1}$，则，小雁塔主体结构状态空间方程为：

$$\begin{cases}\dot{Z}(t)=AZ(t)+BU(t)\\Y(t)=CZ(t)+DU(t)\end{cases} \tag{6-10}$$

式中，$Y(t)$ 为系统输出矩阵，$U(t)=-M\{1\}\ddot{x}_g+P^{\mathrm{T}}f$，$C=[I]_{2n\times2n}$，$D=[0]_{2n\times n}$，

$$A=\begin{bmatrix}0_{n\times n}&I_{n\times n}\\-M^{-1}K&-M^{-1}C\end{bmatrix}_{2n\times2n},\ B=\begin{Bmatrix}0_{n\times n}\\M^{-1}\end{Bmatrix}_{2n\times n};$$

其中，$[I]$ 下角标标注维数的单位向量，$[0]$ 下角标标注维数的零向量。

由此状态方程即可求解小雁塔主体结构相对于地面的位移和速度,而加速度不宜于用 Simulink 中的 Derivative 求导模块,Derivative 模块的输出属于近似求解,为减小结果误差,结构加速度可由以下式子直接求出:

$$\ddot{x} = M^{-1}(-M\ddot{x}_g + P^T f - C\dot{x} - Kx) \tag{6-11}$$

对于剪切型多自由度串联体系,其层间剪力矢量为

$$[F_s] = \begin{Bmatrix} F_{s1} \\ F_{s2} \\ \vdots \\ F_{sn} \end{Bmatrix} = -[K_{Fs}][M][\tilde{\ddot{x}}(t)] \tag{6-12}$$

其中,层间剪力矩阵增益为:

$$K_{Fs} = \begin{bmatrix} 1 & \cdots & \cdots & 1 \\ & 1 & \cdots & 1 \\ \vdots & & 1 & \\ 0 & \cdots & \cdots & 1 \end{bmatrix} \tag{6-13}$$

$F_{s1} \sim F_{sn}$ 为第 1 到第 n 层层间剪力,$\{\tilde{\ddot{x}}(t)\} = \{\ddot{x}_1 + \ddot{x}_g \quad \ddot{x}_2 + x_g \quad \cdots \quad \ddot{x}_n + \ddot{x}_g\}^T$ 为小雁塔主体结构绝对加速度向量。

小雁塔主体结构和被动控制力 Simulink 仿真模型如图 6-1 和图 6-2 所示。

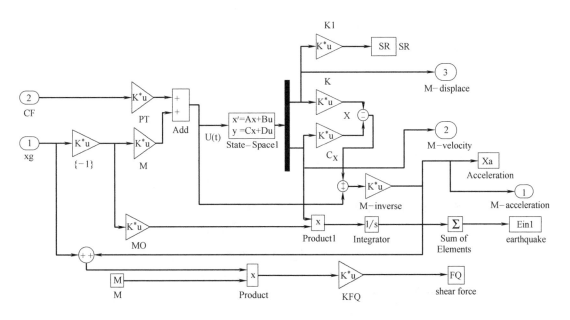

图 6-1 小雁塔主体结构仿真模型

6.4.3 SMA-SPDS 仿真模型建立

SMA-SPDS 的运动方程为:

$$\overline{MP}\ddot{x} + \overline{M}(\ddot{\overline{x}} - P\ddot{x}) + \overline{C}(\dot{\overline{x}} - P\dot{x}) + K(\overline{x} - P\overline{x}) = -\overline{M}I\ddot{x}_g$$

式中,$\overline{M}$、$\overline{C}$、$\overline{K}$ 分别为减震系统的的质量矩阵、阻尼矩阵和刚度矩阵;$\overline{x}$ 为减震系

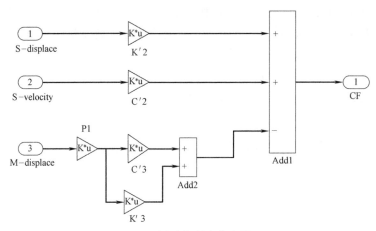

图 6-2　被动控制力仿真模型

统相对于地面的位移向量。

引入状态空间向量：$\overline{Z}(t)=\begin{bmatrix}\dot{\overline{x}}(t)\\\ddot{\overline{x}}(t)\end{bmatrix}$，则 SMA-SPDS 状态空间方程为：

$$\begin{cases}\dot{\overline{Z}}(t)=\overline{A}\,\overline{Z}(t)+\overline{B}\,\overline{U}(t)\\\overline{Y}(t)=\overline{C}\,\overline{Z}(t)+\overline{D}\,\overline{U}(t)\end{cases}\tag{6-14}$$

式中，$\overline{Y}(t)$ 是系统输出矩阵；

$$U(t)=[\overline{C}][P]^{\mathrm T}\dot{x}+[\overline{K}][P]^{\mathrm T}x-[\overline{M}]\{1\}\{\ddot{x}_{\mathrm g}\}\tag{6-15}$$

$$\overline{A}=\begin{bmatrix}0_{n\times n}&I_{n\times n}\\-\overline{M}^{-1}\overline{K}&-\overline{M}^{-1}\overline{C}\end{bmatrix};\overline{B}=\begin{bmatrix}0_{n\times n}\\\overline{M}^{-1}\end{bmatrix};\overline{C}=[I]_{2n\times 2n};\overline{D}=[0]_{2n\times n}。$$

其中，$[I]$ 下角标标注维数的单位向量，$[0]$ 下角标标注维数的零向量。由式（6-11）可知，该减震装置的加速度向量可由下式求得：

$$\ddot{\overline{x}}=\overline{M}(-\overline{M}\ddot{x}_{\mathrm g}+\overline{C}P^{\mathrm T}\dot{x}+\overline{K}P^{\mathrm T}x-\overline{C}\dot{\overline{x}}-\overline{K}\,\overline{x})\tag{6-16}$$

SMA-SPDS 的 Simulink 仿真模型如图 6-3 所示。

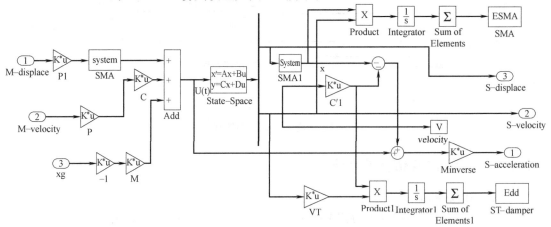

图 6-3　SMA-SPDS 仿真模型

6.4.4 能量反应仿真模型

当设置 SMA-SPDS 的小雁塔结构遭受地震作用袭击时，大部分的地震能量将由减震系统耗散掉[174]，因此，减震系统的耗能能力将直接影响小雁塔结构的抗震性能。如果对设置 SMA-SPDS 的小雁塔结构的运动方程在地震持续时间 t_0 内的任一时刻 t 进行积分，则可得到如下的能量平衡方程式[175-177]：

$$\int_0^t \dot{x}^{\mathrm{T}} M \ddot{x} \, \mathrm{d}t + \int_0^t \dot{x}^{\mathrm{T}} C \dot{x} \, \mathrm{d}t + \int_0^t \dot{x}^{\mathrm{T}} K x \, \mathrm{d}t + \int_0^t \dot{x}^{\mathrm{T}} F(x) \, \mathrm{d}t = -\int_0^t \dot{x}^{\mathrm{T}} M\{I\} \ddot{x}_{\mathrm{g}} \, \mathrm{d}t \quad (6\text{-}17)$$

对上式中各项作如下定义：

$$E(t) = -\int_0^t \dot{x}^{\mathrm{T}} M\{I\} \ddot{x}_{\mathrm{g}} \, \mathrm{d}t \quad (6\text{-}18)$$

$$E_{\mathrm{k}}(t) = \int_0^t \dot{x}^{\mathrm{T}} M \ddot{x} \, \mathrm{d}t \quad (6\text{-}19)$$

$$E_{\mathrm{c}}(t) = \int_0^t \dot{x}^{\mathrm{T}} C \dot{x} \, \mathrm{d}t \quad (6\text{-}20)$$

$$E_{\mathrm{e}}(t) = \int_0^t \dot{x}^{\mathrm{T}} K x \, \mathrm{d}t \quad (6\text{-}21)$$

$$E_{\mathrm{d}}(t) = \int_0^t \dot{x}^{\mathrm{T}} F(x) \, \mathrm{d}t = E_{\mathrm{SMA}}(t) + E_{\mathrm{dd}}(t) \quad (6\text{-}22)$$

以上各式中，$E(t)$ 为 t 时刻地震输入到结构的总能量；$E_{\mathrm{k}}(t)$ 为 t 时刻小雁塔结构体系的动能；$E_{\mathrm{e}}(t)$ 为 t 时刻结构体系的变形能；$E_{\mathrm{c}}(t)$ 为 t 时刻结构体系的阻尼耗能；$E_{\mathrm{d}}(t)$ 为 t 时刻减震系统的耗能；$E_{\mathrm{SMA}}(t)$ 为 t 时刻减震系统中 SMA 丝的耗能；$E_{\mathrm{dd}}(t)$ 为 t 时刻减震系统阻尼耗能；M、C、K 分别为小雁塔结构体系的质量矩阵、阻尼矩阵和刚度矩阵；$x = [x_0, x_1, x_2, \cdots, x_n]^{\mathrm{T}}$、$\dot{x} = [\dot{x}_0, \dot{x}_1, \ddot{x}_2, \cdots, \dot{x}_n]^{\mathrm{T}}$、$\ddot{x} = [\ddot{x}_0, \ddot{x}_1, \ddot{x}_2, \cdots, \ddot{x}_n]^{\mathrm{T}}$ 为结构体系相对于地面的位移、速度、加速度向量；$\{I\}$ 为单位列向量；$F(x)$ 为减震系统元件的恢复力向量。因此，式（6-17）可简写为：

$$E(t) = E_{\mathrm{k}}(t) + E_{\mathrm{c}}(t) + E_{\mathrm{e}}(t) + E_{\mathrm{d}}(t) \quad (6\text{-}23)$$

由以上分析可得小雁塔主结构能量反应仿真模型，如图 6-4 所示。

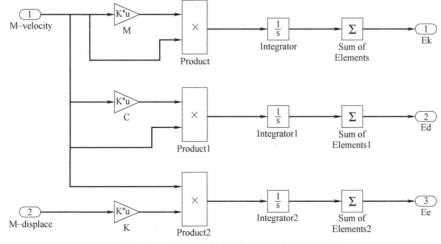

图 6-4 小雁塔主结构能量反应仿真模型

6.4.5　Simulink 主仿真模型

小雁塔减震结构体系 Simulink 主仿真模型如图 6-5 所示，该模型由 Main Structure，SMA-SPDS，Control Force 和 Main Structure Energy 四大子系统构成。

（1）Main Structure 子系统：两个输入 x_g，CF 分别为地震加速度和被动控制力；三个输出 M-acceleration，M-velocity，M-displace 分别为小雁塔主结构相对于地面的加速度，速度和位移；其他参数如小雁塔减震结构的输入地震能量，层间位移，层间剪力可利用相关模块直接输入到 MATLAB 工作空间。

（2）SMA-SPDS 子系统：由输入信号 M-velocity，M-displace 和 x_g 可得出减震装置加速度 S-acceleration，速度 S-velocity 和位移 S-displace；此外还可得出减震装置中 SMA 丝耗能 ESMA 和阻尼耗能 Edd。

（3）Control Force 子系统：由三个输入信号 M-displace、S-velocity、S-displace 和一个输出信号 CF 构成。

（4）Main Structure Energy 子系统：由输入信号 M-velocity 和 M-displace，可得出小雁塔主结构的动能 E_k、变形能 E_e 和阻尼耗能 E_c。

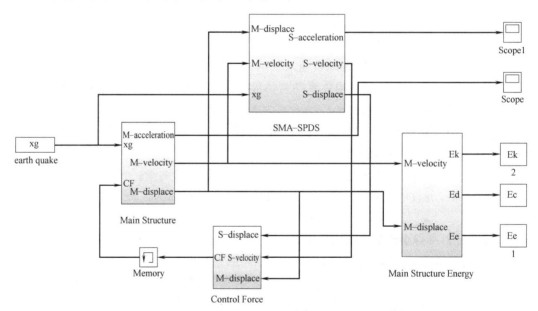

图 6-5　小雁塔减震结构主模型

6.5　小雁塔模型结构仿真与试验结果对比

根据上述 Simulink 仿真方法对小雁塔模型结构仿真分析，并与第 5 章试验结果进行对比，给出小雁塔模型结构在设置和未设置 SMA-SPDS 下的 Simulink 仿真与试验结果塔身顶层加速度对比图，用来说明仿真的合理性，如图 6-6 和图 6-7 所示。

由图 6-6 和图 6-7 可以看出小雁塔模型结构的 Simulink 仿真结果与试验结果吻合较

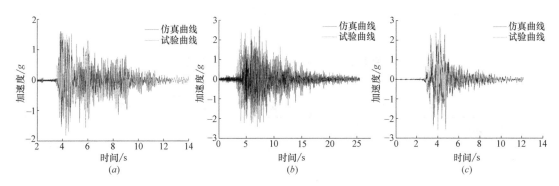

图 6-6　度大震下无控塔身顶部仿真与试验对比图
(a) El-Centro 波；(b) 江油波；(c) 人工波

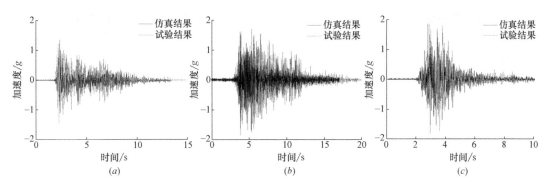

图 6-7　度大震下有控塔身顶部仿真与试验对比图
(a) El-Centro 波；(b) 江油波；(c) 人工波

好，Simulink 仿真方法可以很好地模拟小雁塔模型结构设置与未设置 SMA-SPDS 的地震响应情况，因此可以将上述 Simulink 仿真程序应用到模拟小雁塔原型结构的地震响应情况，从而得到在原型结构上设置 SMA-SPDS 较为真实的减震效果。

6.6　小雁塔原型结构仿真分析

6.6.1　小雁塔原型结构仿真动力特性

利用 Matlab 中的 Simulink 模块建立小雁塔原型结构仿真模型，同时考虑 SMA-SPDS 对原型结构的影响，计算分析小雁塔结构的动力特性，得到小雁塔结构在设置与未设置减震系统下的结构自振频率，并与第二章现场测试结果进行比较，结果见表 6-1 所示。

由表 6-1 小雁塔原型结构动力特性的计算结果与实测结果对比可知，未设置减震系统的原型结构的第 1、2 和 3 阶自振频率的计算值比实测值分别低 1.2%、3.8% 和 4.9%，第一自振频率对小雁塔原型结构影响较大，计算值与实测值中第一自振频率对比结果最为接近，其余各阶频率计算值和实测值相差均在 5% 内，因此可认为仿真得到的小雁塔结构动力特性可以反映原型结构在真实地震作用下的实际动力响应。对比设置与未设置 SMA-

SPDS 的自振频率可以看出，当小雁塔原型结构设置减震系统后，各阶频率均有所提高，说明 SMA-SPDS 可以提高原型结构的整体性，增强了小雁塔原型结构的抗震性能。

原型结构自振频率实测值与计算值对比 表 6-1

自振频率	1 阶		2 阶		3 阶	
	实测值	计算值	实测值	计算值	实测值	计算值
未设置减震系统	1.348	1.331	3.401	3.272	5.303	5.043
设置减震系统	—	1.375	—	3.947	—	5.693

6.6.2 小雁塔原型结构动力响应分析

（1）小雁塔结构塔身顶部位移响应分析

图 6-8～图 6-10 给出了三种地震波（El-Centro、江油波和人工波）在 X 方向 8 度小震、中震和大震作用下，小雁塔原型结构在设置与未设置减震系统条件下塔顶的位移峰值时程曲线。

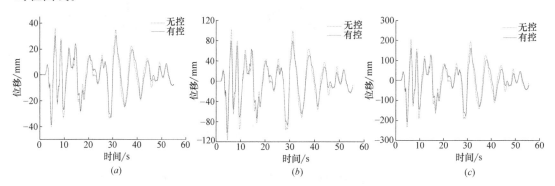

图 6-8 El-Centro 波作用下塔顶位移时程对比图
(a) 小震；(b) 中震；(c) 大震

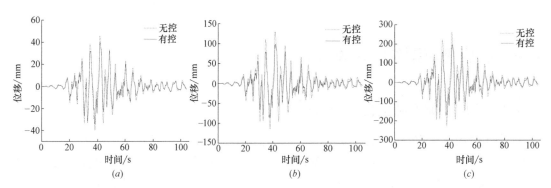

图 6-9 江油波作用下塔顶位移时程对比图
(a) 小震；(b) 中震；(c) 大震

表 6-2 分别给出在三种地震波 X 方向 8 度小震、中震和大震作用下，小雁塔原型结构在设置与未设置减震系统条件下塔身顶部的相对位移最大值及其变化规律；表 6-3 分别给出塔身顶部的层间位移角及其变化规律。

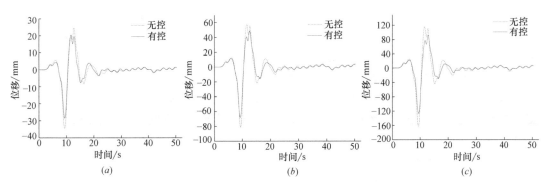

图 6-10 人工波作用下塔顶位移时程图

(*a*) 小震；(*b*) 中震；(*c*) 大震

地震作用下小雁塔原型结构塔顶位移最大值 (mm) 　　　表 6-2

地震波	强度	未设置减震系统	设置减震系统	变化规律
El-Centro	小震	40.12	37.88	5.6%
	中震	119.33	104.27	12.6%
	大震	223.56	203.29	9.1%
江油波	小震	47.93	39.89	16.7%
	中震	141.04	98.15	30.4%
	大震	266.34	197.82	25.7%
人工波	小震	34.24	28.73	16.1%
	中震	82.29	67.87	17.5%
	大震	163.45	125.36	23.3%

地震作用下小雁塔原型结构塔顶层间位移角 　　　表 6-3

地震波	强度	未设置减震系统	设置减震系统	变化规律
El-Centro	小震	1/3362	1/4734	30%
	中震	1/818	1/1647	51%
	大震	1/403	1/911	55%
江油波	小震	1/2954	1/3422	14%
	中震	1/785	1/1164	33%
	大震	1/312	1/749	58%
人工波	小震	1/3092	1/3645	15%
	中震	1/803	1/1304	38%
	大震	1/401	1/877	54%

　　由表 6-2、图 6-8～图 6-10 可以看出，小雁塔原型结构中设置 SMA-SPDS 后其顶层位移明显减小，尤其是 8 度中震和 8 度大震情况下减震效果非常明显，8 度中震和大震下顶层最大位移都可减小 20% 左右。SMA-SPDS 对减小塔体顶层层间位移角也起到很好的作

用，由表 6-3 可以看出，小雁塔原型结构中设置 SMA-SPDS 后塔身顶层的层间位移角明显减小，尤其是 8 度大震情况下降幅最大，由顶层最大位移和层间位移角的变化可以说明 SMA-SPDS 对较大地震作用下的减震效果比较明显。

（2）小雁塔结构塔身顶部加速度响应分析

图 6-11～图 6-13 给出了三种地震波（El-Centro、江油波和人工波）在 X 方向 8 度小震、中震和大震作用下，小雁塔原型结构在设置与未设置减震系统条件下塔顶的加速度峰值时程曲线。

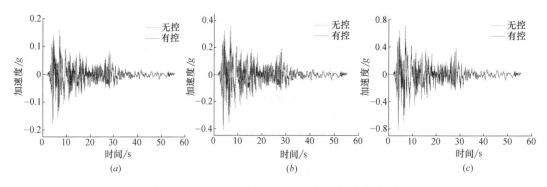

图 6-11　El-Centro 波作用下塔顶加速度时程对比图
（a）小震；（b）中震；（c）大震

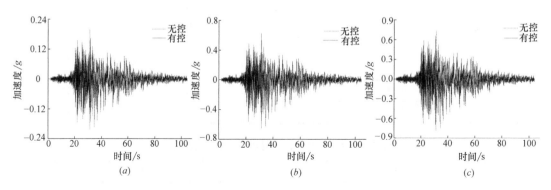

图 6-12　江油波作用下塔顶加速度时程对比图
（a）小震；（b）中震；（c）大震

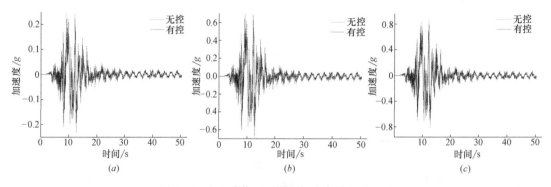

图 6-13　人工波作用下塔顶加速度时程对比图
（a）小震；（b）中震；（c）大震

表 6-4 分别给出在三种地震波（El-Centro、江油波和人工波）在 X 方向 8 度小震、中震和大震作用下，小雁塔原型结构在设置与未设置减震系统条件下塔身顶部的加速度峰值及其变化规律。

地震作用下小雁塔原型结构塔顶加速度峰值（g）　　　　表 6-4

地震波	强度	未设置减震系统	设置减震系统	变化规律
El-Centro	小震	0.18	0.16	11%
	中震	0.40	0.35	13%
	大震	0.81	0.62	23%
江油波	小震	0.20	0.17	15%
	中震	0.68	0.56	18%
	大震	0.87	0.63	27%
人工波	小震	0.24	0.18	17%
	中震	0.78	0.55	29%
	大震	0.83	0.62	25%

由图 6-11～图 6-13 和表 6-4 可以看出，SMA-SPDS 可有效降低小雁塔塔身顶部加速度响应，尤其是在较大地震波作用下，减震效果比较明显。

由上述小雁塔原型结构动力响应分析可知，在现有原型内部设置 SMA-SPDS 后，其结构位移和加速度都有明显降低，说明该减震系统可以较好地控制小雁塔原型结构的地震响应，尤其是在较大地震发生时，SMA-SPDS 可以起到很好的减震作用。

6.7 SMA-SPDS 在小雁塔原型结构工程优化设置及建议

由于小雁塔属于世界文化遗产，具有特殊的历史意义和文化价值，上文的模型振动台试验及仿真分析都是在现有小雁塔原型结构基础上进行的。根据小雁塔现有情况进行布置的 SMA-SPDS 可以起到较好的减震效果，然而该设置方案不是最优方案，减震效果也没有达到最佳。因此，为了在未来更好地对小雁塔进行保护，本节在假定可对小雁塔内部结构进行小范围改动的前提下，根据第 2 章的动力测试结果及第 4 章的优化理论，提出设置 SMA-SPDS 的小雁塔结构工程优化布置方案。

6.7.1 SMA-SPDS 设置场所和工程优化设计

由第 2 章 2.3 节的现场动力测试可得小雁塔原型结构的各阶频率及相应振型，从而可以确定小雁塔原型结构模态控制的 SMA-SPDS 布置位置：控制一阶模态设置在顶层；控制二阶模态设置在 9 层；控制三阶模态也设置在顶层，由于顶层已作为一阶模态控制点，因此，可另外选择 5 层作为 SMA-SPDS 控制三阶模态的设置场所。

各 SMA-SPDS 设置场所确定后，各模态控制下 SMA-SPDS 的目标阻尼比设计为：$\zeta_1 = 0.11$、$\zeta_2 = 0.078$、$\zeta_3 = 0.05$。由式（4-34）可求得各个模态设置的 SMA-SPDS 的质量比为：$\mu_1 = 0.03$，$\mu_2 = 0.02$，$\mu_3 = 0.007$，从而可以确定各 SMA-SPDS 的参数，见表 6-5 所示。

小雁塔原型结构 SMA-SPDS 参数设计建议值　　　　　　表 6-5

	质量(kg)	摆长(m)	SMA 直径(mm)	SMA 数量
1 阶	832	1.534		6
2 阶	634	1.241	1.0	4
3 阶	459	0.953		4

6.7.2　减振效果

根据小雁塔原型结构的特点和 Simulink 仿真的地震响应分析，在地震作用下，小雁塔结构的地震响应较大处发生在结构顶层。因此，在比较 SMA-SPDS 的优化控制效果时，可取结构顶层为研究对象，对其在控制不同阶次振型下的优化控制效果进行分析。图 6-14～图 6-19 分别为 8 度大震作用下不同地震波控制不同阶次振型的小雁塔结构顶层的位移和加速度时程图。

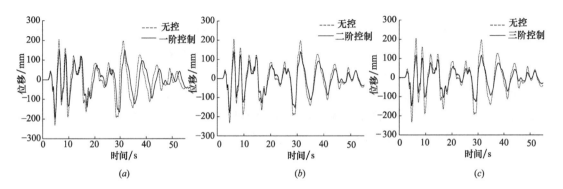

图 6-14　El-Centro 优化控制不同振型位移时程图

(*a*) 控制一阶振型；(*b*) 控制前两阶振型；(*c*) 控制前三阶振型

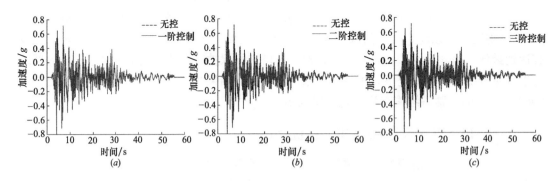

图 6-15　El-Centro 优化控制不同振型加速度时程图

(*a*) 控制一阶振型；(*b*) 控制前两阶振型；(*c*) 控制前三阶振型

表 6-6 和表 6-7 分别给出 8 度大震下优化控制一阶振型、优化控制前两阶振型、优化控制前三阶振型和无控状态下顶层最大位移与加速度的响应对比，并引入控制效果系数 α 以反映 SMA-SPDS 对小雁塔原型结构地震响应的控制效果。

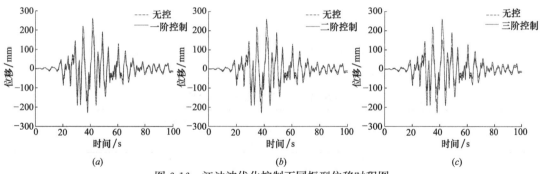

图 6-16 江油波优化控制不同振型位移时程图

（*a*）控制一阶振型；（*b*）控制前两阶振型；（*c*）控制前三阶振型

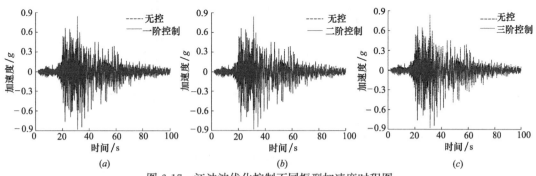

图 6-17 江油波优化控制不同振型加速度时程图

（*a*）控制一阶振型；（*b*）控制前两阶振型；（*c*）控制前三阶振型

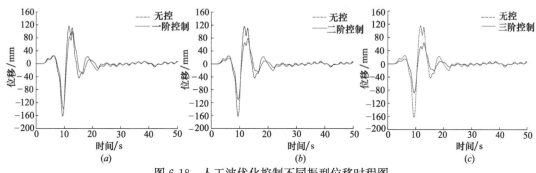

图 6-18 人工波优化控制不同振型位移时程图

（*a*）控制一阶振型；（*b*）控制前两阶振型；（*c*）控制前三阶振型

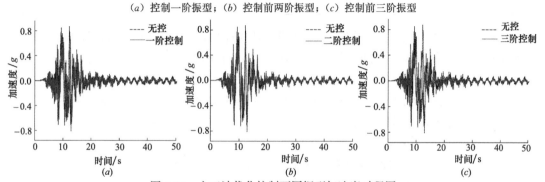

图 6-19 人工波优化控制不同振型加速度时程图

（*a*）控制一阶振型；（*b*）控制前两阶振型；（*c*）控制前三阶振型

$$\alpha = \frac{|X|_{\text{无}} - |X|_{\text{有}}}{|X|_{\text{无}}} \tag{6-23}$$

式中，$|X|_{\text{无}}$ 为未设置 SMA-SPDS 的小雁塔结构的地震响应；$|X|_{\text{有}}$ 为优化设置 SMA-SPDS 时小雁塔结构的地震响应。

SMA-SPDS 优化控制位移效果对比 表 6-6

地震波	控制振型阶次	结构最大位移(mm)		
		无控	优化控制	α
El-Centro	一阶	232.96	191.06	17.9%
	二阶		163.25	29.9%
	三阶		140.28	39.8%
江油波	一阶	266.34	211.63	23.5%
	二阶		183.34	33.7%
	三阶		152.89	44.7%
人工波	一阶	163.45	133.52	18.3%
	二阶		108.71	33.5%
	三阶		86.84	46.9%

SMA-SPDS 优化控制加速度效果对比 表 6-7

地震波	控制振型阶次	结构最加速度(g)		
		无控	优化控制	α
El-Centro	一阶	0.81	0.68	16.0%
	二阶		0.55	32.1%
	三阶		0.50	38.2%
江油波	一阶	0.87	0.63	27.5%
	二阶		0.60	31.0%
	三阶		0.47	46.0%
人工波	一阶	0.83	0.77	7.2%
	二阶		0.58	30.1%
	三阶		0.45	45.8%

由图 6-14～图 6-19 分析可知，通过控制不同阶次振型，均可对小雁塔原型结构位移和加速度起到控制效果，且随着控制的阶次提高，对小雁塔原型结构顶层控制效果越显著。同前文未经过优化设计相比，经过 SMA-SPDS 最优设计后，仅在顶层设置一个 SMA-SPDS 控制一阶振型效果同前文所述布置 3 个 SMA-SPDS 的控制效果相当。由表6-7 可知，若控制小雁塔原型结构前两阶振型，即在顶层和第九层各设置一个 SMA-SPDS，在 8 度大震作用下，结构的位移响应平均降低 32.4%，加速度平均降低 31.1%；当控制三阶振型时，小雁塔结构位移和加速度响应分别平均降低 43.8% 和 43.3%。由此可知，随着控制模态阶次的提高，需要相应的增加 SMA-SPDS 的数量；同时，小雁塔结构的控制效果也有明显提高。然而，综合考虑小雁塔实际工程的复杂性、成本控制、可操作性以

及小雁塔原型结构的可观光性等因素，因此，本书建议考虑控制小雁塔原型结构前三阶振型。

6.7.3 小雁塔结构消能减震建议

由于小雁塔结构具有特殊的历史和文化意义，因此，它的消能减震保护必须综合考虑多方面的因素，根据本书研发的 SMA-SPDS 给出对小雁塔结构进行消能减震的工程建议，同时也为具有类似形式的古塔结构的减震设计提供参考。

（1）充分研究古塔现存的材料组成、结构形式、动力特性等重要的结构信息，分析其薄弱环节，进行系统的抗震性能评估；同时确定在减震保护过程可以利用的结构部位、构件等位置信息。

（2）通过准确的现场测试，分析小雁塔结构的动力特性，尤其是模态特性，确定结构的振型特点。

（3）随着控制振型数量的增加，小雁塔结构减震效果越明显，然而相应的成本及对小雁塔结构的影响也会随之增大，因此，结合结构的振型特点及小雁塔的现状，利用本书第4章的定点优化理论对 SMA-SPDS 主要参数、布置位置及数量及进行优化计算，提出多个优化方案。同时，可选用密度较大的金属制作质量振子，以此来减小 SMA-SPDS 的体积，充分利用小雁塔结构内部空间。

（4）根据优化计算结果建立相应的仿真模型，分别对各优化方案进行模拟仿真分析，反复比较减震控制效果，最终确定最优方案。

（5）会同文物保护、机械加工及施工技术人员共同商定具体的实施措施和设置 SMA-SPDS 过程中对小雁塔结构的保护方法。

6.8 本章小结

为了更好地研究 SMA-SPDS 在小雁塔结构中消能减震的作用，本章利用 Simulink 建立小雁塔结构在设置 SMA-SPDS 下的 Simulink 仿真模型，并进行了仿真分析，可以得到以下结论：

（1）通过 Simulink 建立了设置 SMA-SPDS 的小雁塔仿真模型结构，与振动台试验结果对比，研究了小雁塔模型结构在 8 度大震下的地震响应，结果表明仿真分析结果与试验结果吻合较好，说明利用本书中方法建立的设置与未设置 SMA-SPDS 的小雁塔仿真计算模型可以较好地反映试验的真实情况。

（2）将本书中建立的小雁塔模型结构 Simulink 仿真模型应用到小雁塔原型结构的模拟计算，进行了小雁塔原型结构的动力特性计算和 8 度小震、中震及大震下的模拟分析。结果表明，当小雁塔原型结构设置减震系统后，各阶频率均有所提高，说明 SMA-SPDS 可以提高原型结构的整体性，增强了小雁塔原型结构的抗震性能；同时，SMA-SPDS 对减小小雁塔结构的地震响应具有明显的作用，且随地震强度的增加，减震效果越明显，尤其是对层间位移角的控制效果显著，大震作用下层间位移角可减小 50% 以上。

（3）针对小雁塔原型结构，对 SMA-SPDS 的参数、布置位置及数量等进行了优化设计，对比分析了小雁塔原型结构中布置 SMA-SPDS 优化前后的地震响应情况。结果表明，通过控制不同阶次振型，均可对小雁塔原型结构位移和加速度起到控制效果，且随着控制的阶次提高，对小雁塔原型结构顶层控制效果越显著。同前文未经过优化设计相比，经过 SMA-SPDS 最优设计后，仅在顶层设置一个 SMA-SPDS 控制一阶振型效果同未优化布置 3 个 SMA-SPDS 的控制效果相当。当控制三阶振型时，小雁塔结构位移和加速度响应分别降低 43.8% 和 43.3%，优化效果显著。

（4）通过对小雁塔原型结构中布置 SMA-SPDS 优化前后的地震响应的情况分析，提出了对小雁塔结构及与之相似的古塔结构设置 SMA-SPDS 的减震设计及工程应用的建议。

第 7 章　无损性能增强材料在砖石古塔保护中的应用

7.1　概述

随着岁月的流逝，砖石砌体结构均存在砌块及灰浆的风化、粉化、缺失等程度不一的损伤。砖石结构是由烧结黏土砖、石材与胶结材料砌筑而成，其主要依靠胶结材料的粘结作用而成为一体，如果胶结材料发生风化导致疏松或存在开裂情况，其与砌块材料的粘结作用会降低，最终导致砖石结构整体性和承载力降低，削弱结构整体抗震性能。近年来，随着高分子材料的发展，越来越多的性能增强材料在古建筑保护中得到应用。

7.2　研究现状

Thanasis C. Triantafillou，Michael N. Fardis 等[178]利用纤维增强聚合物和钢筋复合材料对历史砌体结构进行修复，将钢筋锚定在砌体两端拉结在一起，然后粘贴纤维布，对墙体进行约束，基于有限元分析及试验证明，可以很好地提高历史砌体结构的承载力。

M Uranjek 等[179]人通过注浆技术对斯洛文尼亚古建筑砌体结构进行修复，通过研究水泥石灰、火山灰、水泥浆液等不同材料的修复效果，选取适合的修复材料，试验证明，石灰水泥与历史砌体建筑的砖石材料的相容性最好，修复效果最为显著。

彭斌、刘卫东等[180]人利用某在役历史保护建筑修缮施工现场获取砖块与石灰砂浆制作受压试件和墙体试件，进行了材料力学性能试验和墙体伪静力试验。对墙体试件的破坏模式、滞回耗能、刚度退化情况等进行了讨论。采用经过检验的力学性能参数，应用计算机仿真方法拓展了试验结果，对墙体的抗震性能进行了分析，指出了在役历史建筑中砌体承重墙的特点。

李保今等[181]对阿炳故居砖砌体通过网状钻孔、绑筋、注浆进行修复，将普通砌体结构变为配筋砌体结构，采用水泥浆液作为注浆材料，增加了结构的抗压、抗剪和抗拉能力，取得了良好的修复效果，强度得到改善。

盛发和、徐峰等[182]人利用水溶性浆液对朱然墓墓体采用等压渗透的方式进行修复，取得了良好的效果，修复前后无论外貌还是内部结构均没有发生变化，保证了古墓的原貌，同时提高了墓室的整体强度，表层掉灰的现象消失，穹窿顶牢固的形成了一个整体，起到了整体修复的作用。

上述国内外专家在砖石结构材料的损伤和抗震保护等方面进行了较多的实践研究，并且积累了一定的工程经验。在实践过程中，对砖石结构古塔材料损伤保护研究时仅考虑到对灌浆修复灰浆等材料特性以及技术方法的实施，未考虑到修复结构的动力反应影响。在砖石古塔的抗震保护研究中，对抗震机制、动力特性分析与模型建立等研究较多，但在研究过程中结合本体材料损伤、修复结构抗震性能以及地震响应研究较少。基于此，利用灌浆技术修复结构本体灰浆以及修复结构抗震性能和地震响应需要做进一步的研究。

7.3　性能增强材料

"浸渗法"修复砖石砌体结构原理是利用材料自身重力或低压的方法，将性能增强材料混合浆液浸入存在开裂、疏松等部位砖石砌体灰缝中，基于性能增强材料浆液的高流动性、强渗透性、高固结强度等特性，待浆液固结后可对砖石砌体受损或既有材料起到裂缝填充、固结灰浆、增强粘结力、修缮内部缺陷、提高灰浆密实性等，进而达到既能够对古建砖石砌体结构修复又能提高结构的抗震性能的作用[183-187]。

浆液材料按照基材的不同可分为水泥基浆液和化学基浆液[188]。水泥基浆液是由高强胶结组分、超墨化组分、膨胀组分、优选级配集料组分及微量改性组分以适当比例在工厂预拌制成的一种粉状材料，使用时只需加水搅拌后即可进行使用。水泥基浆液材料具有高强、超流态、微膨胀无收缩、抗腐蚀性较好等优点，但水泥基浆液材料一般颗粒较大，只能在裂缝宽度大于 2mm 或孔隙较大的情况下进行使用。若修复对象裂缝宽度及孔隙较小时，其在修复过程中，灌浆料不能有效的对其进行填充，导致不能达到修复的目的，效果不理想。

化学基浆液是将化学材料（无机或有机材料）按照一定的比例配制成溶液，通过压送设备或自身重力将其注入地层或缝隙内，使其产生凝结固化来处理地基或者建筑缺陷，从而保证工程的顺利进行或借以提高工程质量的一项工程技术。化学基浆液具有稳定性好、黏度低、渗透能力强、粘结力较强、耐久性好、固结体的抗压强度较高等优点。随着改性浆液的不断发展，很多高分子材料可以渗透到水能渗透的部位，能够对细微裂缝、孔隙等进行填充，同时化学基浆液存在较高的粘结强度，修复能够显著提高结构整体的强度。化学灌浆所采用的浆液种类丰富多样，改性环氧树脂类浆液、丙烯酸树脂类浆液及有机硅类浆液等在结构加固、土体的修复工作中，取得了较好的工程应用效果[189-193]。

1）改性环氧树脂类：是由含有两个及以上环氧基团组合成的有机化合物材料，其分子结构主要是由结构活泼的环氧基团构成。由于活泼环氧基团的存在，使得环氧树脂可与多种类型的固化剂发生交联反应，从而形成三向网状结构的高聚物，该交联反应产物不溶于水，且固化后具有良好的物理、化学性能。固化后的环氧树脂，变形收缩小，硬度高，粘结强度高，且柔韧性能好等优点，普遍适用于金属和非金属材料的粘接、加固以及修复工作。应用聚合物材料保护结构的研究历史可追溯到 20 世纪 60 年代初期，起初利用环氧树脂保护风化岩石，随着固化剂研究的发展，逐渐在建筑结构加固领域得到广泛应用[194]。

Selwitz，Charles 等人研究了岩石分别浸入不同浓度的环氧树脂-丙酮溶液中的物理特性：当环氧树脂含量为 50% 时，岩石内部树脂溶液完全饱和；而当环氧树脂浓度达到

70％时，将发生反渗现象；该方法对无风化岩石处理后其强度无明显变化，但是对风化岩石的抗压强度提高显著，根据岩石风化程度不同平均抗压强度可提高 35％～60％；Selwitz 等人研究表明，新鲜岩石固有的孔隙和风孔隙对环氧树脂处理后岩石强度也有较大影响，环氧树脂处理多孔风化岩石效果最好。随着固化剂的不断发展，通过对环氧树脂的改性，使其具有高流动渗透性、良好的粘接固结强度，从而提高灰缝抗冲击柔性、加强原材耐风化腐蚀性、降低潮气渗透性、提高灰缝本身的抗水性以适应不同环境和工作条件下的工程加固修复工作。

2）丙烯酸树脂类 poly（1-carboxyethylene）或 Poly（acrylic acid）：是由丙烯酸酯类和甲基丙烯酸酯类及其他烯属类单体共聚制成的树脂，通过选用不同的树脂结构、不同的配方、生产工艺及溶剂组成，可合成不同类型、不同性能和适用不同场合的丙烯酸树脂。丙烯酸树脂根据结构和成膜机理的差异，可分为热塑性丙烯酸树脂和热固性丙烯酸树脂。丙烯酸类树脂材料可作为多孔文物修复保护材料进行使用[195]。

近年来，甲基丙烯酸甲酯在文物保护和修复方面有了广泛使用。甲基丙烯酸甲酯是生产有机玻璃（PMMA）的单体，又称 MMA。该有机物进行文物保护修不仅可提高保护修复对象的强度，同时可以获得理想的渗透深度及耐风化性能，阻止了湿气的入侵，从而达到较好的保护修复效果。

3）有机硅类：即有机硅化合物，是指含有 Si-C 键且至少有一个有机基是直接与硅原子相连的化合物，习惯上也常把那些通过氧、硫、氮等使有机基与硅原子相连接的化合物也当作有机硅化合物[196]。其中，以硅氧键（-Si-O-Si-）为骨架组成的聚硅氧烷，是有机硅化合物中为数最多，研究最深、应用最广的一类，约占总用量的 90％以上。

目前研究较多的有机硅类修复剂主要有硅酸乙酯、烷基硅酸盐、硅烷、硅氧烷、硅酸盐等。由于其分子中含有烷基和硅氧键链，是一种界于有机高分子和无机材料之间的聚合物，因此，也称为硅酸盐的衍生物。有机硅材料具有一般高聚物的抗水性，又具有透气和透水性，不仅与文物有物理结合，而且有时会形成新的化学键，最终形成的物质是稳定的硅化物，起到明显的修复作用。

有机硅类修复方法主要用于土遗址保护工作，在土遗址保护中常用的有机硅类材料，主要包括甲基硅酸钠、正硅酸乙酯和聚烷基硅氧烷、甲基三乙氧基硅烷等。正硅酸乙酯在土遗址保护中应用较多，伊拉克、秘鲁、墨西哥都曾将之用于土遗址的保护。近年来，国内也开展了类似的研究，张秉坚等研究了正硅酸乙酯和甲基硅酸盐修复保护土遗址的方法，发现正硅酸乙酯的乙酸乙酯溶液和甲基硅酸盐水溶液都能明显改善土的耐水浸泡性，可以用于潮湿环境土遗址的保护修复[197]。张慧等使用正硅酸乙酯的预聚物来修复保护土遗址，研究结果表明，经正硅酸乙酯的预聚物处理后，土样的各项性能都比较理想，能满足土遗址保护的要求。柴新军等研究了以正硅酸乙酯为注浆材料修复保护堂加古窑的方法，证明了该方法的适宜性和可行性。有机硅材料的修复与防水效果好，是目前研究比较成熟、世界各地通用的土、石质文物修复材料。

甲基硅酸钠是一种新型刚性建筑防水材料，具有良好的渗透结晶性。其分子结构中的硅醇基与硅酸盐材料中的硅醇基反应脱水交联，从而实现"反毛细管效应"形成优异的憎水层，同时具有防水防潮、微膨胀、增加密实度、防止风化等功能[198-202]。

7.4 无损性能增强古砌体基本力学性能试验研究

7.4.1 试验材料的选取

（1）砖砌块

为了更加接近古建筑所使用的砖砌块，本次试验使用的砖砌块均采用从 20 世纪 50 年代建筑物上拆除老青砖，老青砖抗压强度平均值为 7.21MPa，如图 7-1 所示。

图 7-1 试验用旧青砖

（2）古灰浆

本次试验选用砖石古塔常用的古糯米灰浆作为砌筑灰浆。所配置的古糯米灰浆灰土体积比为 5∶5，在灰土拌合料中加入配置好的糯米浆液，使用搅拌机充分拌和均匀，同时去除混合物内的块状杂质。

试验用古糯米灰浆立方体抗压强度值参照我国现行行业标准《建筑砂浆基本性能试验方法标准》（JGJ/T 70—2009）中的相关要求进行试验，立方体抗压强度试件为边长 70.7mm 立方体，每一试件分两组制作灰浆试块，其中一组试块为 28 天养护期达到时进行试验，另一组待试验日进行试验。古灰浆立方体试块抗压试验结果见表 7-1 所示。

古灰浆立方体试块抗压强度试验结果   表 7-1

组 别	28d 强度均值/MPa	试验日强度均值/MPa
一	1.361	1.354
二	1.352	1.353
三	1.361	1.361

（3）性能增强材料

根据对古灰浆和性能增强古灰浆试块抗压强度试验结果，采用改性环氧树脂和甲基丙烯酸甲酯作为性能增强材料对基材抗压强度及性能改善效果较好，本次试验中性能增强材料选取改性环氧树脂和甲基丙烯酸甲酯。

7.4.2 古砌体试件抗压强度试验

（1）试件制作与加载方案

1）古砌体抗压试件的制作

根据我国现行国家推荐标准《砌体基本力学性能试验方法标准》（GB/T 50129—2011）第 4.1.1 条规定以及试验用青砖（即为 240mm×115mm×53mm）规格，高度 H 由试件的高厚比 β 计算所得（$\beta=3\sim5$）。根据试验机尺寸限值要求，取试件高度为

750mm，由此可得高厚比 $\beta=3.125$，满足试件高厚比限值要求。

本次砌体试件抗压强度试验分为三种试验类型：第一种为古糯米灰浆基材试件；第二种为试件采用改性环氧树脂性能增强；第三种为试件掺入甲基丙烯酸甲酯。各类型试件分别制作三组，每组六个，共计 54 个，分组及编号见表 7-2。试件按照我国现行国家标准《砌体基本力学性能试验方法标准》（GB/T 50129—2011）中相关要求进行制作，如图 7-2 所示。为了确保试件制作的统一性，本次试验试件均由同一人完成砌筑。本次试验试件制作共计 14d，约 20℃室内自然条件下养护 28d。

砌体抗压强度试验试件分组　　　　　　　　表 7-2

试 件 类 型	分 组 编 号
古砌体基材	$SMC_1 \sim SMC_3$
改性环氧树脂性能增强	$SMCE_1 \sim SMCE_3$
甲基丙烯酸甲酯性能增强	$SMCM_1 \sim SMCM_3$

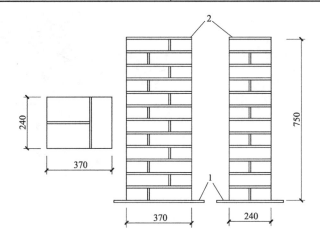

图 7-2　普通砖砌体抗压强度试验试件示意图

2）砌体抗压强度试验加载方案

砌体抗压强度试验加载过程如下：

第一级加载：预加载制度，预估试件破坏荷载，试件安装到位，预加 5％破坏荷载；预加载过程主要是为检查仪器、仪表灵敏度以及试件安装可靠性。

第二级加载：分级加载制度，按 10％预估破坏荷载进行加载，每级加载过程时长约 60～90s，恒载持时约 90～120s，试验机回油时刻所施加荷载即为试件破坏荷载。

3）无损性能增强古砌体施工方案

试验中采用老青砖与糯米灰浆砌筑古灰浆基材砌体试件，性能增强材料采用改性环氧树脂和甲基丙烯酸甲酯，采用"浸渗法"将性能增强材料充分浸入至古灰浆中，以达到无损性能增强的目的。试件砌筑完毕后养护 28d，对试件采用改性环氧树脂、甲基丙烯酸甲酯进行性能增强施工，步骤如下：

① 浸渗孔设置：根据砖石古建结构、浸渗操作方法等特点，在试件的一侧或两侧设置浸渗口，浸渗口主要设置在灰缝处。根据砌体组砌方式、砌块大小、古灰浆强度等因素确定浸渗口间距，浸渗口间距在 100～200mm 之间为宜，成梅花状布孔。施工前应在灰

缝处设置注浆孔，注浆孔采用手钻、普通钢钻头进行钻孔作业，市场上可选用钻头直径范围为 2～10mm，根据本次试验实际情况，选取钻头直径 $\varphi=4$mm，钻头长度根据墙体厚度进行选定，本次试件使用钻头有效长度有三种 200mm、350mm、450mm，本次试验所使用的钻头均使用采购定型产品，实际使用过程中可根据孔径、孔深要求对钻头进行定制。

② 浸渗装置：浸渗装置主要由注浆器、基座及滴管三部分组成。所使用的浆液材料为改性高分子材料，浆液具有流动性好、渗透性强等特点，使用注浆器将性能增强材料通过基座注入滴管中，浆液主要靠自重力浸入灰缝内，与灰缝融合。

滴管可采用钢管、PVC 管或亚克力空心管材，可根据现场实际情况进行选取。本课题试验选用 PVC 滴管，外径 $\varphi_{外}=2.5$mm，内径 $\varphi_{内}=1.5$mm，注浆管长度根据试验墙体厚度进行现场加工。使用前沿注浆管长度方向钻滴渗孔，孔径为 1～2mm，孔距为 10～30mm，采用台钻进行钻孔作业，如图 7-3 所示。

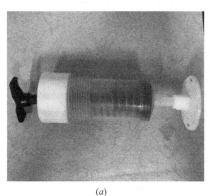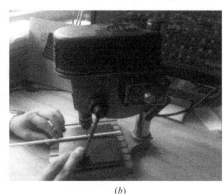

(a)　　　　　　　　　　　　　　　　　(b)

图 7-3　浸渗装置制作
(a) 低压注浆器、基座；(b) 滴管

③ 浸渗施工方法：采用注浆器缓慢将性能增强材料浆液注入滴管中或使其在自重下渗入浸渗孔之中，待浸渗孔溢出浆液，无法浸入后停止。施工顺序为由下向上、由两侧向中部进行施工。

④ 封堵处理：待最后一次注浆完毕后，立刻采用黏土与性能增强材料混合泥向孔内填充，凝固后可与原灰浆固结为一体，采用细钢棒进行压实处理，每次填充深度约为 50mm。"浸渗法"设备结构简单，施工工序简易，可操作性强。

(2) 古砌体基材试件抗压强度试验结果

荷载加载初始阶段，试件整体位于弹性变形阶段，随着所施加荷载逐渐增加，试件短边方向顶部砌块首先出现裂缝，灰缝表面逐渐出现纵向细微裂缝，由上而下延伸开裂，如图 7-4 所示。随着荷载的继续增加，灰浆表面出现开裂、脱落现象，砌体表面裂缝逐渐变宽、变长，并向试件内部快速延伸。随着施加荷载的进一步增大，试件各侧面裂缝基本呈贯通状，砌体试件开裂声音明显变大，同时试件表面在受荷后向外鼓起。当极限荷载达到后，砌体试件整体呈脆性劈裂状破坏，试验结果见表 7-3。

根据我国现行国家标准《砌体基本力学性能试验方法标准》(GB/T 50129—2011) 中的要求，砌体试件轴心抗压强度值 ($f_{c,i}$) 计算方法见式 (7-1)。

$$f_{c,i} = \frac{N}{A} \tag{7-1}$$

式中，$f_{c,i}$ 为试件的抗压强度（N/mm²）；N 为试件的抗压破坏荷载（N）；A 为试件的截面面积（mm²）。

图 7-4　古砌体基材试件抗压试验试验过程及破坏形态

古砌体基材试件轴心抗压强度试验结果　　　表 7-3

试件编号	破坏荷载/N	截面面积/mm²	抗压强度/N/mm²	平均值/N/mm²
SMC₁	1.9980×10^5	8.88×10^4	2.250	
SMC₂	2.0424×10^5	8.88×10^4	2.300	2.276
SMC₃	2.0246×10^5	8.88×10^4	2.279	

（3）性能增强古砌体抗压强度试验结果

两种性能增强古砌体破坏形态与基材试件破坏形态较为相似，加荷初始阶段，砌体试件整体位于弹性变形阶段，随着荷载的加大，砌体试件的开裂首先出现在试件的顶部位置，同时多处砌体灰缝产生轻微开裂，进而试件整体发生竖向开裂。采用改性环氧树脂及甲基丙烯酸甲酯修复以后试件裂缝出现时间较基材试件稍有延后，且裂缝前期发展较慢。继续增大荷载，裂缝变宽、变长，并向下延伸，同时试件表面裂缝产生通缝，砌体受荷劈裂声响愈发变大，直至极限荷载，试件发生劈裂破坏，呈明显脆性破坏特征，如图 7-5 所示，试验结果见表 7-4。

(a)　　　　　　　　　　　　(b)

图 7-5　性能增强古砌体试件抗压试验破坏形态

(a) 改性环氧树脂性能增强砌体试件；(b) 甲基丙烯酸甲酯性能增强砌体试件

性能增强古砌体试件轴心抗压强度试验结果　　表 7-4

试件编号	破坏荷载/N	截面面积/mm²	抗压强度/N/mm²	平均值/N/mm²
SMCE₁	2.8505×10^5	8.88×10^4	3.210	
SMCE₂	2.8061×10^5	8.88×10^4	3.160	3.190
SMCE₃	2.8238×10^5	8.88×10^4	3.180	
SMCM₁	2.5042×10^5	8.88×10^4	2.820	
SMCM₂	2.4331×10^5	8.88×10^4	2.740	2.790
SMCM₃	2.4775×10^5	8.88×10^4	2.790	

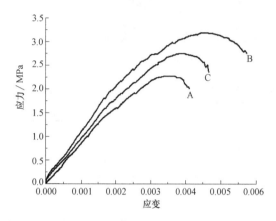

图 7-6　砌体实测应力—应变曲线
A—SMC 试件；B—SMCE 试件；C—SMXM 试件

表 7-3 和表 7-4 试验结果表明，改性环氧树脂、甲基丙烯酸甲酯性能增强古砌体抗压强度平均值分别为 3.190MPa、2.790MPa，相比古砌体基材试件抗压强度均有所提高，分别提高了 40.5% 及 22.7%。根据以上试验结果，改性环氧树脂和甲基丙烯酸甲酯性能增强古砌体试件均有效提高砌体的轴心抗压强度，采用改性环氧树脂性能增强砌体抗压强度较采用甲基丙烯酸甲酯幅度较大。

（4）砌体试件应力-应变曲线

砌体抗压试件应力-应变曲线如图 7-6 所示，加载初期，三种试件曲线均呈近似线型，处于弹性工作状态。随着荷载的增大，浸入改性环氧树脂或甲基丙烯酸甲酯后性能增强试件强度及变形均有一定程度的提高，采用改性环氧树脂修复试件性能提高最优，效果较好。

由于砌体是一种弹塑性材料，其应力与应变的关系一直发生变化，根据曲线，应取应力 σ 等于 $0.4 f_{c,i}$ 的割线模量为该试件的弹性模量，按式（7-2）计算，计算结果见表 7-5。

$$E = \frac{0.4 f_{c,i}}{\varepsilon_{0.4}} \tag{7-2}$$

式中，E 为试件弹性模量（N/mm²）；$\varepsilon_{0.4}$ 为对应于应力为 $f_{c,i}$ 时的轴向应变值。

砌体弹性模量计算值　　表 7-5

试件组别	抗压强度/MPa	弹性模量/MPa
SMC	2.271	849
SMCE	3.189	1077
SMCM	2.793	939

由表 7-5 可以得出，与基材试件相比，采用改性环氧树脂修复以及甲基丙烯酸甲酯修复的砌体试件弹性模量分别提高了 26.8% 和 10.6%，采用改性环氧树脂修复弹性模量提高较大。

7.4.3 古砌体试件抗剪强度试验

（1）抗剪试件的制作与加载方案

1）试件的制作

参照我国现行国家标准《砌体基本力学性能试验方法标准》（GB/T 50129—2011）中相关规定，砌体抗剪强度测试试件是由九块砖组砌而成的双剪试件，如图 7-7 和图 7-8 所示。砌筑抗剪强度试件时与抗压强度试件一起制作，所使用的原材、砌筑匠人、砌筑条件等均相同，试件分组见表 7-6。

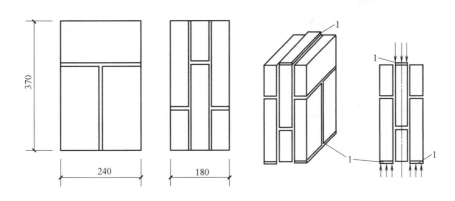

图 7-7　砌体抗剪强度试件及受力特征

砌体抗剪强度试验试件分组　　　　　　　　　　　　　　　　表 7-6

试 件 类 型	分 组 编 号
古砌体基材	$SMS_1 \sim SMS_3$
改性环氧树脂性能增强	$SMSE_1 \sim SMSE_3$
甲基丙烯酸甲酯性能增强	$SMSM_1 \sim SMSM_3$

2）砌体抗剪强度试验加载方案

为了确保砌体抗剪强度试件受力均匀，分别在试件上部及下部分别设置压板，其中上压板设置于试件中间砖上表面，下压板设置于试件两侧砖下表面，试验机的中心线与试件上下压板轴线重合。

试验加载采用连续加载方式，试验加载过程应匀速、缓慢，避免加载变化过大产生突变荷载，加载过程控制在 60～180s 之内。试件破坏的判定为单剪切面发生破坏，该荷载值即为砌体抗剪强度试验破坏荷载。

（2）基材试件抗剪强度试验结果

基材抗剪试件施荷初段，剪切试件整体呈弹性变形阶段，砌块剪切面未现开裂现象。随着荷载的加

图 7-8　砖砌体双剪试件

大，剪切粘结面现轻微开裂，裂缝由试件顶部向中部延展，有渐大趋势。进一步增加载荷，粘结面裂缝继续延展，开裂宽度增大明显，直至单侧剪切面发生剪断破坏，如图 7-9

所示，试验结果见表 7-7。

图 7-9　基材试件试验及破坏状态

根据我国现行国家标准《砌体基本力学性能试验方法标准》（GB/T 50129—2011）中计算要求，试件剪切面的抗剪强度 $f_{v,i}$，按式（7-3）进行计算：

$$f_{v,i}=\frac{N_v}{A} \tag{7-3}$$

式中，$f_{v,i}$ 为试件沿通缝截面的抗剪强度（N/mm²），N_v 为试件的抗剪破坏荷载值（N），A 为试件的一个受剪面的面积（mm²）。

基材砌体试件抗剪强度试验结果

表 7-7

试件编号	破坏荷载/kN	抗剪强度/MPa	抗剪强度平均值/MPa
SMS₁	4.32	0.048	
SMS₂	3.73	0.042	0.045
SMS₃	4.05	0.046	

（3）性能增强古砌体抗剪强度试验结果

性能增强古砌体抗剪强度试验破坏过程与基材试件基本相同，试件加载前段，性能增强古砌体整体处于弹性变形阶段，剪切面暂未出现开裂状况。随着施荷的加大，试件发生单侧剪切面粘结破坏如图 7-10 所示，试验结果见表 7-8。

图 7-10　性能增强古砌体试件抗剪破坏形态

性能增强古砌体试件抗剪强度试验结果　　　　表 7-8

试件编号	破坏荷载/kN	抗剪强度/MPa	抗剪强度平均值/MPa
SMSE$_1$	4.65	0.052	
SMSE$_2$	4.37	0.049	0.050
SMSE$_3$	4.39	0.049	
SMSM$_1$	4.55	0.051	
SMSM$_2$	4.05	0.046	0.048
SMSM$_3$	4.29	0.048	

根据以上试验结果，浸入改性环氧树脂性能增强古砌体试件抗剪强度平均值为 0.050MPa，较古砌体基材试件抗剪强度提高约 11.0%；浸入甲基丙烯酸甲酯性能增强古砌体试件抗剪强度平均值为 0.048MPa，较古砌体基材基材试件抗剪强度提高约 6.0%。浸入改性环氧树脂和甲基丙烯酸甲酯性能增强浆液后古砌体试件抗剪强度均有所提高，相比较性能增强古砌体抗压试验结果，性能增强古砌体抗剪强度增加幅度小于抗压强度增幅。

7.4.4 单轴受压古砌体构件本构关系

（1）单轴受压砌体构件本构关系计算式[203]

各国学者对于单轴受压砌体构件本构模型关系计算式表达有不同的表述，学者较为认同的观点如下。

20 世纪 30 年代苏联奥尼西克[204]教授提出了对数型表达式

$$\varepsilon = -\frac{1.1}{\xi}\ln\left(1 - \frac{\sigma}{1.1 f_k}\right) \tag{7-4}$$

式中，ξ 为与砌体类别和砂浆强度有关的弹性特征值，f_k 为砌体抗压强度标准值。

后来，我国施楚贤[205]教授在上式的基础上，对 87 个砖砌体的试验资料的统计分析结果，提出了以砌体抗压强度的平均值 f_m 为基本变量的砌体应力-应变关系式：

$$\varepsilon = -\frac{1.1}{\xi\sqrt{f_m}}\ln\left(1 - \frac{\sigma}{f_m}\right) \tag{7-5}$$

该式能够比较全面地反映砖强度和砂浆强度及其变形对砌体变形的影响，得到工程界的广泛应用，但该式只能表达应力-应变曲线上升段，且当 σ 趋近于 f_m 时，ε 趋近于 ∞，这与实际情况不相符。

同济大学朱伯龙提出了两段式本构关系：

$$\frac{\sigma}{f_m} = \begin{cases} \dfrac{\varepsilon/\varepsilon_0}{0.2 + 0.8\varepsilon/\varepsilon_0}, \varepsilon \leqslant \varepsilon_0 \\ 1.2 - 0.2\varepsilon/\varepsilon_0, \varepsilon > \varepsilon_0 \end{cases} \tag{7-6}$$

Turnsek 等人提出来抛物线型的砌体本构关系表达式：

$$\frac{\sigma}{\sigma_{max}} = 6.4\left(\frac{\varepsilon}{\varepsilon_0}\right) - 5.4\left(\frac{\varepsilon}{\varepsilon_0}\right)^{1.17} \tag{7-7}$$

式中，σ_{max} 为最大压应力；ε_0 为最大压应力对应的应变值。

Powell 和 Hodgkinson 提出的表达式与式（7-7）相似：

$$\frac{\sigma}{\sigma_{\max}} = 2\left(\frac{\varepsilon}{\varepsilon_0}\right) - \left(\frac{\varepsilon}{\varepsilon_0}\right)^2 \tag{7-8}$$

Mada A 等人套用混凝土的方法表达了砌体受压本构关系:

$$\sigma = \frac{\sigma_{\max}(\varepsilon/\varepsilon_0)\gamma}{\gamma - 1 + (\varepsilon/\varepsilon_0)} \tag{7-9}$$

式中,γ 为非线性参数。

式(7-9)可全面地反映砌体受压时应力-应变关系的特点,但是公式过于烦琐,不利用工程应用。

(2)古砌体单轴受压本构关系

根据对古砌体单轴受压应力-应变曲线(图 7-6),A、B、C 曲线分别为基材试件、甲基丙烯酸甲酯性能增强试件、改性环氧树脂性能增强试件。根据 Turnsek 等人所提抛物线型本构模型对试验结果进行拟合:

$$\frac{\sigma}{\sigma_0} = a\left(\frac{\varepsilon}{\varepsilon_0}\right) - b\left(\frac{\varepsilon}{\varepsilon_0}\right)^c \tag{7-10}$$

式中,σ_0 为最大压应力;ε_0 为最大压应力对应的应变值。

经对试验结果分析并进行拟合,图 7-11 即为拟合应力-应变曲线,三种类型试件拟合公式系数 a、b、c 见表 7-9 所示,所得方程式分别为:

$$\frac{\sigma}{\sigma_0} = 1.240\left(\frac{\varepsilon}{\varepsilon_0}\right) - 0.251\left(\frac{\varepsilon}{\varepsilon_0}\right)^{4.541} \tag{7-11}$$

$$\frac{\sigma}{\sigma_0} = 1.57\left(\frac{\varepsilon}{\varepsilon_0}\right) - 0.58\left(\frac{\varepsilon}{\varepsilon_0}\right)^{2.79} \tag{7-12}$$

$$\frac{\sigma}{\sigma_0} = 1.36\left(\frac{\varepsilon}{\varepsilon_0}\right) - 0.34\left(\frac{\varepsilon}{\varepsilon_0}\right)^{3.94} \tag{7-13}$$

根据拟合公式结果,与实测实验值吻合较好,可将拟合公式作为无损性能增强古砌体单轴受压本构关系计算式。

根据式(7-11)求得古砌体基材试件弹性模量为:

$$E = \frac{d\sigma}{d\varepsilon}\Big|_{\varepsilon=0} = \frac{1.24}{\varepsilon_0}f_m = 836\text{MPa}$$

根据式(7-12)求得改性环氧树脂性能增强古砌体试件弹性模量为:

$$E = \frac{d\sigma}{d\varepsilon}\Big|_{\varepsilon=0} = \frac{1.57}{\varepsilon_0}f_m = 1107\text{MPa}$$

根据式(7-13)求得甲基丙烯酸甲酯性能增强古砌体试件弹性模量为:

$$E = \frac{d\sigma}{d\varepsilon}\Big|_{\varepsilon=0} = \frac{1.36}{\varepsilon_0}f_m = 972\text{MPa}$$

砌体应力-应变拟合公式系数　　　　　　　　　　　　表 7-9

组　　别	a	b	c
古砌体基材试件	1.24	0.25	4.54
改性环氧树脂性能增强古砌体试件	1.57	0.58	2.79
甲基丙烯酸甲酯性能增强古砌体试件	1.36	0.34	3.94

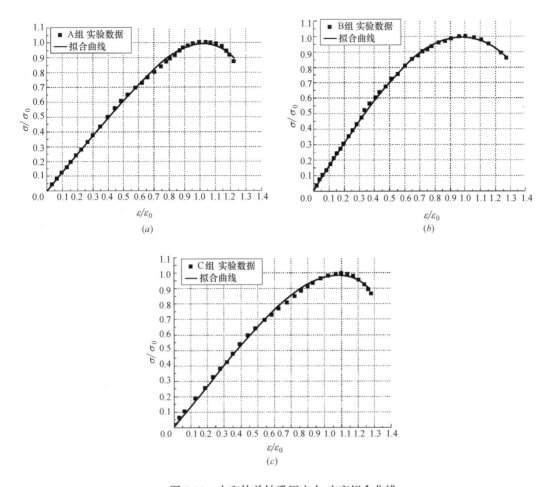

图 7-11　古砌体单轴受压应力-应变拟合曲线
（a）基材试件拟合曲线；（b）改性环氧树脂性能增强试件拟合曲线；
（c）甲基丙烯酸甲酯性能增强试件拟合曲线

7.5　无损性能增强墙体抗震性能试验

7.5.1　试验方案及试件的制作

（1）试验方法、目的

本次墙体抗震性能试验拟对墙体构件采用低周反复拟静力试验方法，用以确定"浸渗法"浸入无损性能增强材料后古墙体的耗能能力、变形能力等变化特点。低周反复拟静力试验是通过对构件或结构施加多次循环往复的静力作用，施加静力作用时，在模型正反两个方向重复加卸载过程，从而模拟地震时结构在反复多次振动中的受力和变形特点。通过低周反复荷载试验寻找墙体构件在地震作用下的破坏特征、承载力变化特点、屈服机制等，建立恢复力计算模型，通过试验数据计算墙体构件的等效阻尼比，利用滞回曲线、骨架曲线等试验数据研究墙体构件的耗能能力，分析墙体构件的破坏机理。

本试验目的在于通过对古灰浆基材墙体和性能增强古灰浆墙体进行低周反复拟静力试验研究，得出各墙体试件的地震损害特征、剪切承载能力、滞回曲线、刚度及其退化特性、墙体延性等数据，对试验数据进行比对，分析、验证分别采用改性环氧树脂性能增强古灰浆墙体、甲基丙烯酸甲酯性能增强古灰浆墙体的性能参数指标。试验中砌筑了240mm、370mm、490mm 三种厚度的古灰浆墙体试件对比分析不同墙厚浸入改性环氧树脂或甲基丙烯酸甲酯后性能增强古灰浆墙体变化规律。

（2）试件设计与制作

本次墙体试验砌筑灰浆采用糯米灰浆，砖砌块采用老青砖。试验墙体尺寸（厚×高×长）分为 240mm×1200mm×1800mm。试件的上端设置钢筋混凝土顶梁，下端设置钢筋混凝土基座，如图 7-12 所示。根据本次试验的目的，对墙体试件按照墙体厚度及无损修复材料的不同进行分组，墙体试件分组情况见表 7-10。

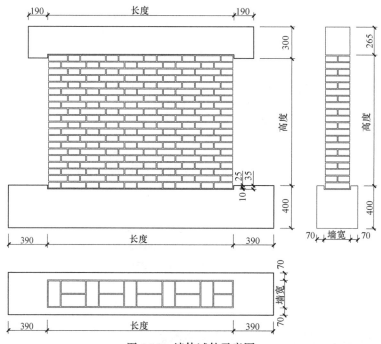

图 7-12　墙体试件示意图

墙体拟静力试验分组　　　　　　　　　　　　　　　　　　　表 7-10

古灰浆墙体材料	古灰浆墙体	改性环氧树脂性能增强墙体	甲基丙烯酸甲酯性能增强墙体	试件尺寸 ($t×h×l$)
砌块：老青砖 灰浆：古糯米灰浆	W11	W12	W13	240×1200×1800

本次试验试件的制作严格按照《砌体结构工程施工质量验收规范》（GB 50924—2014）及《砌体结构工程施工质量验收规范》（GB 50203—2011）中相关要求进行砌筑并进行质量控制。砖砌体的灰缝保证横平竖直、厚度均匀，水平灰缝厚度和竖向灰缝厚度为10mm，误差尺寸控制在±2mm。砌筑试件前一天，对砖采用浇水润湿，保证砌筑用砖的相对含水率在 60%～70% 之间。砌筑时采用"三一"砌筑法，即一块砖、一铲灰、一挤

揉，并随手将挤出的灰浆刮去。施工中砌体灰缝的灰浆密实饱满，砖墙水平灰缝饱满度不小于 90%，竖缝采用挤浆方法进行填充，不出现透明缝、瞎缝和假缝现象。

由于所采用古灰浆为古糯米灰浆，自身强度较低。为了提高基座与底层砖砌块之间的粘结力，防止加载过程中底部产生滑移，砌筑时将基座顶面凿毛处理，基座与底层一皮砖之间采用 M5 水泥砂浆进行砌筑，如图 7-13 所示。试验前采用白色石灰浆在试件表面进

图 7-13 试件制作图

(a) 筛除土中杂质；(b) 糯米灰浆制作；(c) 基座的制作；(d) 试件的砌筑过程；

(e) 试件的砌筑过程；(f) 墙体试件砌筑完成

行涂刷，以便试验过程对墙体试件裂缝等现象的查看。

（3）墙体拟静力试验装置

本次墙体拟静力试验试验地位于西建大结构小试验室，墙体试件顶端竖向荷载采用反力钢架通过液压千斤顶进行施加，通过散力架使试件竖向力均匀施加。使用电液伺服作动器对墙体施加循环荷载，电液伺服作动器一端设置在反力墙上，另一端设置在墙体试件短边顶部。为了阻止墙体试件受往复水平力后产生扭转或侧向位移，在墙体试件混凝土底座两侧设置型钢压梁，同时采用地槽锚固螺栓进行固定。试验装置如图 7-14、图 7-15 所示。

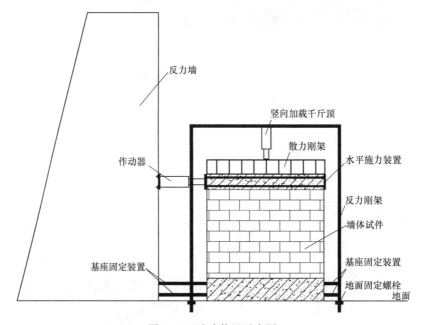

图 7-14　试验装置示意图

图 7-15　墙体试件拟静力试验现场

（4）测试内容及测点布置方案

本试验是对不同厚度的古灰浆基材墙体及性能增强古灰浆墙体进行低周反复拟静力试验研究，得出墙体试件的破坏形态、抗剪承载力、滞回曲线、骨架曲线等，所以本次试验测试内容包括：墙体试验过程中破坏过程记录及裂缝形态的描绘、开裂荷载、极限荷载、墙体水平位移等。

加载测试过程中，将瞬时荷载和位移值通过数据采集仪将同步数据进行记录，输入到
X-Y 函数记录仪上，绘制出墙体构件的滞回曲线。位移计共设置 7 个测点，测点布置位置
见表 7-11 和图 7-16。

墙体拟静力试验分组	表 7-11
测点编号	测点设置位置
测点 1	试件顶部第二皮砖中部
测点 2	试件顶部压梁端部
测点 3	试件基座梁端部
测点 4	墙体试件 45°对角线
测点 5	墙体试件 45°对角线(与测点 4 对称)
测点 6	地梁侧竖向布置
测点 7	地梁侧竖向布置

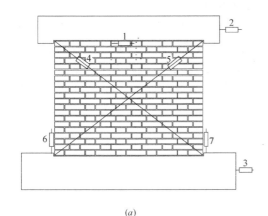

(a)   (b)

图 7-16　墙体试件位移计测点布置图

(a) 位移计测点布置示意图；(b) 墙体试验装置现状

（5）加载方案

低周反复拟静力试验根据控制的方法的不同通常的加载方法有三种：①位移控制加载
法；②作用力控制加载法；③作用力和位移综合控制加载法。

位移加载控制法即在试验中以位移量作为加载控制过程参数，主要是以线位移、转角
等广义概念的位移参数。试验加载控制过程中，当试件试验中出现明显屈服点时，该屈服
点位移为屈服位移，控制值是以屈服位移的倍数来进行确定的。若试件试验过程无确定屈
服点时，可以根据以往试验估算屈服位移值 Δ^0 进行试验控制。

作用力控制加载法是在低周反复加载试验过程中以加载作用力数值来进行控制，在试
验中使用该控制方法不能直观的来研究试验的恢复力特征，该控制方法在实际使用中使用
较少。

作用力和位移综合控制法也是低周反复拟静力试验常用的加载方式之一，该方法是先
进行作用力加载控制再进行位移加载控制。试验时首先进行作用力控制加载，加载直至达
到构件的屈服荷载，将该时刻位移定义为试件的屈服位移 Δ^0，再改用屈服位移 Δ^0 进行位

移加载控制。

本次对古灰浆墙体试件低周反复拟静力试验选用作用力与位移综合控制法，加载过程按我国现行国家行业规范《建筑抗震试验方法规程》JGJ/T 101 相关规定要求进行试验。第一阶段为预加载阶段，加载过程为首先由对墙片顶端加竖向荷载，后以 20％的预设开裂荷载值对试件加设水平荷载，往复共计两次，在此预加载阶段需对试验中所使用各装置、设备、仪表的工作状态进行校核。第二阶段为正式加载阶段，当所有装置、设备、仪表工作状态正常即开始进行正式加载，加载后在试件开裂前，按预估极限荷载值的 10％作为分级加载量值进行加载，加载过程中对墙体试件开裂情况进行详细观察，待墙体出现开裂现象后，转为使用位移控制进行加载，读取并计算该时刻最大位移值，设定该位移值为分级加载控制位移量进行加载，直至墙体试件加载破坏。

针对本次古砌体基材墙体及性能增强古砌体墙体试验，首先将墙体顶端竖向荷载加至满载阶段，随后采用两次加载方法对试件进行水平加载。根据墙体试件大小、灰浆和砌筑砖强度通过计算所得本次试验墙体试件的开裂荷载约为 710kN。对墙体试件的预加荷载不宜超过计算或预估开裂荷载的 20％，试验中分两次进行预加荷载，第一次为 85kN，第二次为 130kN。分级加载试验过程中以每往复循环一次增加 10kN 进行试验，待墙体试件出现开裂现象后专用位移加载控制，位移加载量值 Δ 为墙体开裂荷载，每级加载增加 1 倍开裂位移，加载过程采用两次循环加载，直至试件破坏失去承载能力了。试验过程表示方式为 $\pm a\Delta^b$，a 为加载至第 a 循环；b 为每级加载循环次数，即 Δ^1、Δ^2；＋号为以作动器位置为基础向外推施加作用力，－号表示相反方向加载。

7.5.2　墙体试件拟静力试验过程及试验结果分析

（1）墙体试件拟静力试验

以 W11 墙体试件（墙厚 240mm，古灰浆基材墙体）为例简述墙体抗震性能的试验过程：

W11 墙体试件试验过程中，当施加水平作用力小于 30kN，几乎没有参与变形，试件刚度几乎未有变化。随着水平作用力逐渐增加至 30kN，卸荷过程中滞回曲线形状出现微弯曲形变，该变化标志着试件受荷后已由弹性变形阶段转向弹塑性变形阶段。当水平推力至 30kN 时，墙体试件第一层灰缝出现水平开裂现象，裂缝由外至内逐渐延伸，裂缝总长度约为 355mm。当水平作用力反向至 30kN 时，墙体右下 3、4 皮砖间砖缝表面出现水平裂缝，裂缝沿水平及竖向灰缝延伸扩展，呈阶梯状开裂。此时墙体试件开裂位移为 1.4mm，位移加载控制量值取 $\Delta=1.4$mm。

采用位移控制加载法对墙体试件继续进行往复加载，当墙体试件水平位移加载至 $+2\Delta^1$ 时，墙体试件中部位置的水平及竖向裂缝局部存在斜向开裂现象，裂缝呈中部向下角部方向扩展；当位移加载至 $-2\Delta^2$ 时，位于墙体试件中部已出现明显的开裂现象，右侧第 5、6 皮砖间水平灰缝存在斜向开裂现象，试件下部水平灰缝中局部位置产生竖向裂缝，随着荷载的加大水平及竖向裂缝逐渐增大且呈阶梯状向角部延伸；位移荷载加至 $-3\Delta^2$ 时，墙体试件上部灰缝已出现开裂现象，同时随着荷载的增加，裂缝的开裂呈阶梯状出现，同时试件的中部位置裂缝明显增多，部分裂缝之间相互贯通；位移荷载加至 $+4\Delta^1$ 时，墙体试件中部位置产生水平向开裂，裂缝呈阶梯状向下角方向延伸；至 $-4\Delta^1$ 时，墙体试件上部水平灰缝中斜向开裂明显增多，发展速度也逐渐变快，斜向阶梯状开裂趋势明显；当位移荷载加至$-4\Delta^2$时，墙体试件灰缝开裂愈发明显，均呈阶梯状向四角扩展，试件底部砖砌块表面也已出现开裂现象；荷载加至$+5\Delta^1$时，墙体试件灰缝细微裂缝增大且呈相互贯通之势，整体呈阶梯状发展变化；当$+6\Delta^1$时，随着灰缝受荷后开裂加大，局部发生脱落现象，上下裂缝逐渐贯通；当$+6\Delta^2$时，墙体试件灰缝开裂逐渐加大，越来越多细微裂缝相互贯通，底部已开裂砖砌块数量增多；当荷载加至$+7\Delta^1$时，墙体主裂缝已成形，呈阶梯状发展；当$-7\Delta^2$时，墙体四角主裂缝已形成，裂缝宽度介于$1\sim5$mm之间；继续对墙体试件进行往复加载至破坏，主裂缝呈"X"型，灰缝呈剪切型阶梯状破坏。

各组墙体试件试验损伤情况如图7-17所示。

(*a*)

(*b*)

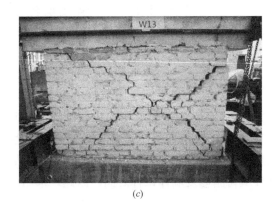

(*c*)

图 7-17　墙体试件破坏形态
(*a*) W11 墙体试件破坏形态；(*b*) W12 墙体试件破坏形态；
(*c*) W13 墙体试件破坏形态

7.5.3　试验结果分析

（1）滞回曲线与骨架曲线

通过墙体结构的低周往复荷载试验可以得到荷载-位移滞回曲线，该曲线是确定恢复力模型、进行非线性地震反应分析和各种抗震性能指标确定的依据[130]，可反映结构或构件在反复荷载作用下的变形特征、刚度退化及能量消耗等特点。将结构构件同方向加载循环峰值点相连得到的曲线，可直接体现加载过程中荷载与位移关系，称之为骨架曲线，可以直接反映加载过程中荷载与位移之间的关系，显示试件构件受力与变形的各个不同阶段及特性（强度、刚度、延性、耗能及抗倒塌能力等）。本次墙体试件试验滞回曲线、骨架曲线如图 7-18 和图 7-19 所示。

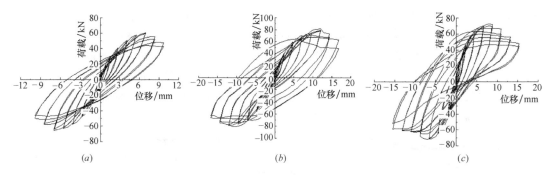

图 7-18　墙体试件拟静力试验滞回曲线

(*a*) W11 墙体试件；(*b*) W12 墙体试件；(*c*) W13 墙体试件

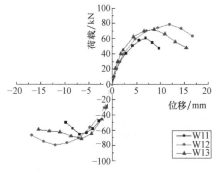

图 7-19　墙体试件骨架曲线对比图

综合对墙体试件拟静力试验过程、滞回曲线、骨架曲线进行分析，三类墙体试件在加载初期处于弹性变形阶段，恢复力曲线呈线性分布。在加载初期墙身均未有裂缝产生，滞回曲线基本呈直线线型，处于弹性工作阶段。试件分级加载后，试件墙身开始出现裂缝，随着主裂缝开裂程度增大，墙体整体刚度发生退化。接近破坏荷载时，基材墙体试件与修复墙体试件水平方向承载力均迅速降低，并呈脆性特征，但修复墙体试件在达到极限荷载后能承担更多的循环加载。基材墙体试件 W11 滞回环相对面积较小，构件能承受的荷载循环次数较少，构件破坏耗能较小；采用改性环氧树脂修复试件 W12 滞回曲线较基材墙体试件更为饱满，包围面积更大，试件破坏耗能更多；采用甲基丙烯酸甲酯修复试件 W13 滞回曲线较为饱满，饱满程度介于基材墙体试件与改性环氧树脂修复墙体试件之间。因此，采用环氧树脂修复的墙体耗能能力较好。

比较三类墙体试件的骨架曲线可知，初始阶段骨架曲线呈直线型分布且斜率差别较小，性能增强墙体试件曲线直线段较长；随着作用力达到峰值荷载，基材及性能增强墙体试件刚度均呈减小趋势，骨架曲线的下降段中基材墙体试件的斜率较大，试件自身刚度降低较为明显。相比较基材试件，性能增强墙体墙体试件骨架曲线下降段斜率较小，性能增强墙体试件承载力降低较慢、试件延性得到得到改善。待试验荷载加载至极限荷载，性能增强墙体试件侧向变形更加充分、极限承载力及位移显著加大。

（2）延性指数分析

延性指数是结构抗震性能分析中重要指标之一，延性即为结构或构件受荷后至破坏之前的塑性变形能力，体现了结构构件的耗能能力，是衡量结构抗震性能能力的指标之一，可从位移、应变、曲率等延性参数进行分析、表示。本书对墙体试件的延性指数是以位移延性参数进行衡量，位移延性参数 μ 如式 7-14 所示。

$$\mu=\frac{\Delta_u}{\Delta_y} \tag{7-14}$$

式中，Δ_u 为极限位移；Δ_y 为屈服位移。

1）P_u（极限荷载）和 Δ_u（极限位移）

当砌体试件加载至峰值荷载后，试件的变形加大、荷载降低，取极限荷载为减小至85%的峰值荷载，即 $P_u=0.85P_{max}$，该时刻相应位移值取为极限位移，如图 7-20（a）所示。如果试件试验破坏荷载小于 0.85 倍的峰值荷载，试验破坏荷载即为极限荷载，相应的位移值即为极限位移 Δ_u，如图 7-20（b）所示。

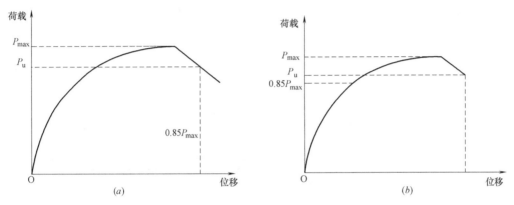

图 7-20 极限位移确定法

2）等效屈服荷载 P_y 和屈服位移 Δ_y 的确定

由于砌体结构的材料均具有非线性，在试验过程中很难准确观测到试件开裂的精确时间，实际裂缝出现时间与观测到裂缝发展存在误差。为避免这一人为因素的影响，本书采用等效屈服点作为实际屈服点，以求减小这种误差的影响。等效屈服点的确定方法通常有屈服弯矩法和能量等效法：

① 屈服弯矩法：首先，从曲线原点作弹性理论值 OA 线，OA 与曲线最值点 M 的水平线相交与 A 点；然后过 A 点作垂线于位移轴的直线，该垂线与曲线交于 B 点；再连接 OB 点，将 OB 点连线的延长线与最值点水平线相交于 C 点；最后，过 C 点作垂线，该垂线与曲线交于 Y 点，Y 点即为等效屈服点，如图 7-21（a）所示。

② 能量等效法：该方法的思想是假定理想弹塑性体系与实际结构吸收能量相等时，则理想弹塑性体系对应的屈服位移可作为为实际结构的屈服位移。首先，由 P-Δ 曲线最值点引一条水平线，然后由原点 O 引出一条割线与该水平线相交与 A 点，若使得 P-Δ 曲线与割线所围两部分的面积，即：阴影部分 I 与阴影部分 II 面积相等，则认为由 A 点所引垂线与骨架曲线交点 Y 为等效屈服点，如图 7-21（b）所示。

本书确定屈服点采用的方法是目前比较常用的通用屈服弯矩法，即方法①。

通过对表 7-12 进行分析，墙体试件采用改性环氧树脂性能增强后比基材墙体试件，屈服荷载提高了约 23.5%，峰值荷载提高了约 25.2%，极限荷载提高了约 25.5%，延性系数提高了约 42.6%。采用甲基丙烯酸甲酯修复墙体试件，屈服荷载提高了约 11.0%，峰值荷载提高了约 13.1%，极限荷载提高了约 13.9%，延性系数提高了约 27.0%。比较三种不同的墙体试件，修复墙体试件相比较基材试件屈服荷载、峰值荷载、极限荷载与延性均有了不同程度的提高，墙体的塑性变形能力得到了改善，一定程度上提高了砖石古建砌体抗侧移能力，从而提高了砖石古建整体抗震性能。

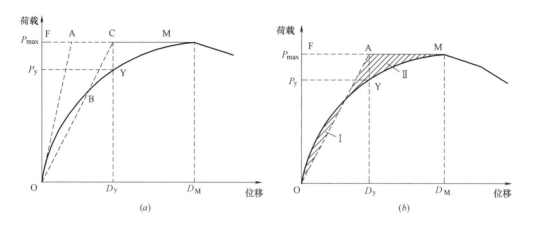

图 7-21　屈服位移确定法

（a）通用弯矩法；（b）能量等效法

试件特征点以及延性的比较　　　　　　　　　　　　表 7-12

试件编号	加载方式	屈服荷载 P_y/kN	屈服位移 Δ_y/mm	峰值荷载 P_m/kN	峰值位移 Δ_m/mm	极限荷载 P_u/kN	极限位移 Δ_u/mm	延性系数 μ
W11	推（+）	48.09	3.86	60.71	6.98	51.60	8.93	2.36
	拉（一）	51.20	3.62	65.48	6.99	55.66	8.78	
W12	推（+）	62.09	5.25	78.62	11.98	66.83	15.96	3.02
	拉（一）	60.80	5.34	79.63	12.02	67.69	16.62	
W13	推（+）	55.22	3.87	72.22	6.59	61.39	12.01	3.37
	拉（一）	54.87	3.75	71.29	6.62	60.60	13.71	
	拉（一）	91.03	4.22	132.91	14.93	109.88	16.94	

7.6　本章小结

　　本章对模拟古灰浆基材墙体及浸入改性环氧树脂、甲基丙烯酸甲酯性能增强墙体进行了低周反复拟静力试验，观察并记录墙体拟静力试验开裂、破坏形态，根据对试验现象、结果数据的计算分析，对基材墙体试件及性能增强墙体试件的各项抗震性能指标进行了对比分析，可得如下结论：

　　（1）古灰浆基材墙体试件与性能增强古灰浆墙体试件受荷后开裂破坏过程、形态较为相似，基材及性能增强墙体试件受荷开裂前均处于弹性变形阶段，随着荷载的增加，墙角处首先出现水平开裂现象，进而裂缝在试件的中部集中产生，随后裂缝由中部向试件四角发展，破坏时均呈"X"型。

（2）性能增强古灰浆墙体试件相比较古灰浆基材墙体试件的屈服、峰值、极限荷载以及延性性能均有程度不同的改善，墙体的塑性变形能力得到了改善，一定程度上提高了砖石古建砌体抗侧移能力，从而提高了砖石古建整体抗震性能。

（3）对比两种性能增强古灰浆墙体拟静力试验，浸入改性环氧树脂墙体试件综合效果优于浸入甲基丙烯酸甲酯墙体试件。因此，可以选用改性环氧树脂对厚度较大的砖石古建墙体采用"浸渗法"进行整体性能增强。

第8章 结论及展望

8.1 主要工作及结论

本书以典型密檐式砖石古塔西安小雁塔为研究对象，通过现场调查、试验研究、理论分析和数值仿真等，研究了基于 SMA-SPDS 的小雁塔结构减震控制方法；同时，利用高分子材料采用"浸渗法"对砖石古塔墙体构件进行了抗震性能研究，得到了以下主要结论：

（1）小雁塔结构经过多次加固修缮后，结构整体性能基本完好，但塔体仍存在较多裂缝，风化比较严重，部分黄土裸露，塔体砌体缺损等损伤，此外根据现场实测，塔体砂浆强度约 0.4MPa，砌体抗压强度约 0.7MPa，说明塔体结构材料强度很低，直接影响着塔身结构的可靠性和耐久性。

（2）根据现场实测小雁塔结构的材料组成和力学性能，进行了 24 块模拟小雁塔塔体结构胶凝材料和 12 个小雁塔塔体砌体试块的力学性能试验。结果表明，本书中采用的模型制作材料和砌体试块制作方法均能较好地反映小雁塔塔体结构材料的主要力学特性，与小雁塔原型结构的材料具有较好的相似性，可用于小雁塔模型结构的制作和试验。

（3）以塔体材料性质试验为基础，设计制作了 4 个模拟小雁塔塔体结构的墙体模型试件，并进行了低周反复加载试验，根据试验结果和已有研究成果，同时考虑小雁塔结构的文物价值和保护意义，提出了小雁塔塔体结构各种损伤状态所对应的层间位移角限值的建议区间，为小雁塔及同类砖石古塔结构的损伤评定提供了依据。

（4）根据上述研究结果，采用极限位移和极限承载力综合评定法，对目前小雁塔结构的抗震性能进行了评判。结果表明，小雁塔结构底部和中部混凝土楼板处存在应力集中现象，8 度中震下塔体各层券洞处劈裂，并将形成较大的贯通裂缝，8 度大震下小雁塔结构上部位移较大，存在坍塌的危险，故应尽早进行减震保护处理，防止在强震中发生毁灭性破坏。

（5）SMA 材料力学性能试验表明，应变幅值、加载速率、循环次数等对材料的耗能能力、等效割线刚度和阻尼比均有着不同程度的影响。随着应变幅值的增大，SMA 的应力-应变曲线趋于饱满，耗能能力增大，单圈耗能从 4.46MJ·m^{-3} 增大到 20.76MJ·m^{-3}，增加了约 4.7 倍，但阻尼比变化不大，等效割线刚度有减小趋势；加载速率增大时，应力-应变曲线加载段变化较小，卸载线性段减小明显，近似水平的奥氏体相变"平台"逐渐向上倾斜，耗能能力有所降低，等效阻尼比呈减小趋势，割线刚度逐渐减小后趋于平稳。

（6）在 SMA 材性试验基础上，通过分析，拟合出应力-应变试验曲线上 4 个特征点处应力、应变与加载速率、加载幅值之间的关系，建立了一种速率相关型四折线简化本构模型；同时以试验数据作为 BP 网络的训练样本/检测样本，建立了基于遗传算法优化神经网络中神经元权/阈值后的 SMA 本构模型，并进行了计算分析。结果表明，两种本构模型均能够较好反映 SMA 材料的力学特征，但后者的适应范围更广，计算精度更精确，特别是在 SMA 材料力学性能动力分析中更为优越。

（7）根据小雁塔结构的地震保护特点，结合 SMA 材料特殊的力学性能和悬摆减震的工作原理，研发了一种适用于小雁塔结构减震保护的 SMA-SPDS，并进行了 36 种工况下的模拟地震振动台试验，研究了 9 种不同质量、摆长和 SMA 预应变等对 SMA-SPDS 减震效果的影响，接着利用相位分析原理，探讨了 SMA-SPDS 的工作性能和有效性。结果表明，该系统的减震效果明显，并且还可改善传统悬摆减震系统可控激励带宽较窄和控制效果不稳定等缺点。

（8）以多自由度体系的模态分析为基础，将小雁塔结构解耦为多个单自由度体系，利用定点理论对 SMA-SPDS 的布置位置、最佳调谐和最佳阻尼比等参数进行了工程优化分析，建立了相应的工程优化计算方法。结果表明，本书中研发的 SMA-SPDS 频率和阻尼均可调可控，系统性能稳定，便于集成，能够较好满足古塔结构的减震需求。

（9）进行了几何相似比为 1/10 的小雁塔模型结构在 39 种工况下的模拟地震振动台试验。试验结果表明，设置 SMA-SPDS 后，模型结构在 8 度大震下的加速度和位移响应均可减小 20％左右，当 SMA 的预应变调整在 3％时，SMA-SPDS 的减震效果可达 25％以上，特别是对消除塔体层间位移突变的现象尤为显著，并且地震作用越大，减震效果越明显。此外，由于 SMA-SPDS 能有效地将原本"分离"式的小雁塔结构可靠连接，形成一个减震整体，可明显减小塔体结构的倾覆力矩，控制结构变形，同时还能防止塔体在混凝土楼板"分段"处产生错位变形，避免塔体出现"分段"式倾覆破坏。

（10）利用 Matlab 软件，以小雁塔原型结构的现有实测资料为基础，建立了小雁塔原型结构的仿真计算模型，设计新的适合小雁塔原型结构减震控制需要的 SMA-SPDS，进行了设置与未设置 SMA-SPDS 小雁塔原型结构的仿真计算，并在设定工程优化目标的前提下，利用模态控制原理，对 SMA-SPDS 在小雁塔原型结构中的设置位置、数量及系统性能参数等进行了工程优化，研究了 SMA-SPDS 在小雁塔原型结构中的优化布置等问题。结果表明，经工程优化布置后，SMA-SPDS 的减震效果可达 43％以上，说明工程优化效果显著，可有效减小小雁塔原型结构的地震响应，降低小雁塔原型结构在地震中倒塌破坏的风险。

（11）选取古青砖和古糯米灰浆为基材，制作了古砌体轴心受压试件受剪试件，经"浸渗法"对基材试件进行无损性能增强后，古砌体基材试件抗压强度和抗剪强度明显提高，提高值约 6.0％～40.5％。分析试验结果，采用改性环氧树脂性能增强砌体试件抗压强度、弹性模量两项指标提升较多，砌体试件的整体性提高，刚度有一定程度的增加。

（12）根据模拟古砌体墙体试件和性能增强墙体试件的低周反复拟静力试验，性能增强墙体试件比古砌体墙体试件的开裂荷载、破坏荷载、耗能能力等均有不同程度的提高，变形能力得到了较明显的改善，抗侧移刚度也有一定的提高，说明浸入性能增强材料可明显提高古砌体墙体的抗震性能，可用于砖石古塔结构的无损性能增强和抗震保护中。

综上所述，根据现场实测资料、理论分析和试验结果，文中提出了一种适用于小雁塔结构地震保护的新方法；同时对高分子材料提高砖石古建筑结构抗震性能进行了研究，上述研究成果可用于小雁塔结构及其类似砖石古塔结构的减震保护，具有较好的工程应用前景。

8.2　不足与展望

古塔结构的地震保护涉及文物、历史、考古、地震工程及材料等诸多学科的交叉配合，比较复杂。本书虽进行了一些研究，但仍存在以下问题需进一步探讨：

（1）由于古塔结构建造年代久远，历史环境因素多变，从而使得古塔的建造材料和结构等均较复杂，因此应研究针对不同受力和变形特点的古塔结构抗震保护技术和工程应用方法。

（2）针对历史建筑"最小干预"保护特点，研发新的便于集成、影响更小、减震效果更好的减震控制系统，是一个需要深入研究的问题。

（3）历史建筑材料和结构性能的耐久性评价、材料和结构的相似性理论和实现方法、模型试验技术、微损伤修复和性能增强方法、历史建筑合理运营管理等问题也是需要进行深入研究的重要课题。

参 考 文 献

[1] 罗哲文. 中国古塔 [M]. 北京：中国青年出版社，1985.

[2] 徐华铛. 中国古塔造型 [M]. 北京：中国林业出版社，2007.

[3] 徐潜. 中国古桥名塔 [M]. 长春：吉林文史出版社，2013.

[4] 张驭寰. 古塔实录 [M]. 武汉：华中科技大学出版社，2011.

[5] 姚兰. 中国名塔 [M]. 合肥：黄山书社，2012.

[6] 刘祚臣. 古塔史话 [M]. 北京：社会科学文献出版社，2012.

[7] 何国涛. 记德国汉学家鲍希曼教授对中国古建筑的考察与研究 [J]. 古建园林技术，2005（03）：18-19.

[8] 贺美芳. 解读近代日本学者对中国建筑的考察与图像记录 [D]. 天津：天津大学，2014.

[9] 温玉清. 二十世纪中国建筑史学研究的历史、观念与方法 [D]. 天津：天津大学，2006.

[10] 戴孝军. 中国古塔及其审美文化特征 [D]. 济南：山东大学，2014.

[11] 傅熹年. 中国古代建筑史，2 [M]. 北京：中国建筑工业出版社，2001.

[12] 白晨曦. 中轴溯往——从北京旧城中轴线看古代城市规划思想的影响 [J]. 北京规划建设，2002（03）：22-26.

[13] 张墨青. 巴风蜀韵、独树一帜——浅谈巴蜀地区古塔建筑特色 [J]. 四川建筑，2012（03）：74-75＋78.

[14] 戴孝军. 模糊美、曲线美、和谐美——中国传统建筑的艺术美 [J]. 阜阳师范学院学报（社会科学版），2009（05）：132-134.

[15] 王亚荣. 西安大雁塔小雁塔的历史文化价值 [J]. 佛教文化，1998（05）：27-29.

[16] 李燕. 西安大小雁塔建筑形式之比较 [J]. 中国建筑装饰装修，2010，No. 86（02）：160-162.

[17] 袁林. 小雁塔往事 [J]. 金秋，2007，185（11）：34-35.

[18] 赵五一. 小雁塔的启示 [J]. 建筑工人，2004（04）：38.

[19] 钱培风. 中国古塔之震害与分析 [J]. 云南工学院学报，1985（02）：18-28.

[20] 阎旭，魏德敏. 古代砖塔有限元分析 [C] //第八届全国结构工程学术会议论文集（第Ⅲ卷）. 中国云南昆明，1999：6-12.

[21] 陈平，王智华，沈治国. 大象寺塔现状安全稳定性分析 [J]. 水利与建筑工程学报，2010（02）：67-69.

[22] 陈平，赵冬，沈治国. 古塔纠偏的有限元应力分析 [J]. 西安建筑科技大学学报（自然科学版），2006（02）：241-244.

[23] 车爱兰. 应县木结构古塔动力特性及地震响应分析 [D]. 上海：上海交通大学，2006.

[24] 袁建力，刘殿华，李胜才，等. 虎丘塔的倾斜控制和加固技术 [J]. 土木工程学报，2004（05）：44-49＋91.

[25] 袁建力，樊华，陈汉斌，等. 虎丘塔动力特性的试验研究 [J]. 工程力学，2005（05）：158-164.

[26] 姚玲. 砖石古塔动力特性建模技术的研究与应用 [D]. 扬州：扬州大学，2003.

[27] 柯吉鹏. 古建筑的抗震性能与加固方法研究 [D]. 北京：北京工业大学，2004.

[28] 李晓蕾，卢俊龙. 兴教寺玄奘塔频域地震响应分析 [J]. 西安理工大学学报，2015（04）：422-427.

[29] 卢俊龙，张萌，田洁. 兴教寺玄奘塔抗震性能评估与加固 [J]. 建筑结构，2012（12）：98-101.

[30] 沈治国. 砖石古塔的力学性能及鉴定与加固方法的研究 [D]. 西安：西安建筑科技大学，2005.

[31] 李德虎，何江. 砖石古塔动力特性的试验研究 [J]. 四川建筑科学研究，1990（04）：27-29.

[32] 文立华，王尚文. 一定距离地下火箭激振的建筑物的动力特性试验 [J]. 世界地震工程，1995（03）：49-53.

[33] 陈平，负作义，宋泽维. 砖石古塔的地震风险评估 [J]. 工业建筑，2015（04）：98-102.

[34] 陈平，姚谦峰，赵冬. 西安大雁塔抗震能力研究 [J]. 建筑结构学报，1999（01）：46-49.

[35] 魏剑伟，李世温. 应县木塔地震影响分析 [J]. 太原理工大学学报，2003（05）：601-605＋60.

[36] 李铁英，魏剑伟，张善元，等. 应县木塔实体结构的动态特性试验与分析 [J]. 工程力学，2005（01）：141-146.

[37] 李铁英，魏剑伟，李世温，等. 应县木塔扭转振动特性和地面强迫振动试验与分析 [C] //第16届全国结构工程学术会议论文集（第Ⅲ册）. 中国山西太原，2007：8-15.

[38] Jaishi B, Ren W X, Zong Z H, et al. Dynamic and seismic performance of old multi-tiered temples in Nepal [J]. Engineering Structures，2003，25（14）：1827-1839.

[39] 刘晓莉. 砖塔模型的振动台试验研究 [D]. 扬州：扬州大学，2014.

[40] 沈远戈. 小雁塔抗震性能分析及地基构造研究 [D]. 西安：西安建筑科技大学，2010.

[41] 朱飞. 中华恐龙塔抗震性能试验研究 [D]. 哈尔滨：哈尔滨工业大学，2011.

[42] Jae K, Yun K, Chae B. Implementation of configuration dependent stiffness proportional damping for the dynamics of rigid multi-block systems [J]. Earthquake Engineering and Engineering Vibration，2003，2（1）：87-97.

[43] 邹颖娴. 应用 SMA 提高古塔抗震可靠性的理论与方法研究 [D]. 西安：西安建筑科技大学，2010.

[44] 赵祥. 应用形状记忆合金进行古塔结构抗震保护的理论和试验 [D]. 西安：西安建筑科技大学，2008.

[45] 赵祥，王社良，周福霖，等. 基于 SMA 阻尼器的古塔模型结构振动台试验研究 [J]. 振动与冲击，2011（11）：219-223.

[46] 黄襄云，王凤华. 安装新型形状记忆合金阻尼器的古塔结构地震反应有限元分析 [J]. 振动与冲击，2012，31（20）：38-45.

[47] 周福霖. 工程结构减震控制 [M]. 北京：地震出版社，1997.

[48] 武田寿一. 建筑物隔震防振与控振 [M]. 北京：中国建筑工业出版社，1997.

[49] 杨涛，王社良，代建波. 基于 T-S 型模糊神经网络的空间结构 GMM 作动器主动控制 [J]. 振动与冲击，2015（24）：1-6＋11.

[50] 符川，屈铁军，孙世国. 主动调频液柱阻尼器基于遗传算法的 LQR 控制优化设计 [J]. 振动与冲击，2015（02）：210-214.

[51] 刘彦辉，谭平，周福霖，等. 主被动调谐控制结构动力响应分析与试验 [J]. 振动. 测试与诊断，2015（03）：441-447＋58.

[52] 朱熹育. 基于压电摩擦阻尼器的空间杆系结构地震响应半主动控制 [D]. 西安：西安建筑科技大学，2014.

[53] 欧进萍，隋莉莉. 结构振动控制的半主动磁流变质量驱动器（MR-AMD）[J]. 地震工程与工程振动，2002（02）：108-114.

[54] 欧进萍. 结构振动控制—主动、半主动和智能控制 [M]. 北京：科学出版社，2003.

[55] 孙树民. 土木工程结构振动控制技术的发展 [J]. 噪声与振动控制，2001（01）：22-28.

[56] 金桂林. 新型 SMA 万向阻尼器滚球隔震结构体系的地震反应分析 [D]. 西安：西安建筑科技大学，2015.

[57] 王社良. 形状记忆合金在结构控制中的应用 [M]. 西安：陕西科学技术出版社，2000.

[58] 马傲玲. 梁式 TMD 系统对斜拉桥的振动控制研究 [D]. 长沙：中南林业科技大学，2002.

[59] 任克彬. 大型渡槽结构主动变阻尼控制 [D]. 郑州：郑州大学，2010.

[60] 鲁正，王佃超，吕西林. 颗粒调谐质量阻尼系统对高层建筑风振控制的试验研究 [J]. 建筑结构学报，2015（11）：92-98.

[61] 覃方芳. 被动调谐质量阻尼器用于多层厂房振动控制的研究 [D]. 兰州：兰州理工大学，2012.

[62] 王海明. 新型主被动调谐质量阻尼器的性能研究 [D]. 广州：广州大学，2011.

[63] 王立彬，苏骥，刘康安等. TMD 对人行天桥的振动控制研究 [J]. 公路工程，2013，38（4）：242-245.

[64] Lap-Loi C，Hsu-Hui H，Chung-Hsin C，et al. Optimal design theories of tuned mass dampers with nonlinear viscous damping [J]. Earthquake Engineering and Engineering Vibration，2009（04）：547- 560.

[65] OkJunho SongKwan-Soon Park Seung-Yong. Optimal performance design of bi-Tuned Mass Damper systems using multi-objective optimization [J]. KSCE Journal of Civil Engineering，2008，12（5）：313-322.

[66] MARANO G C. Reliability based multiobjective optimization for design of structures subject to random vibrations [J]. Journal of Zhejiang University（Science a：an Intern，2008（01）：15- 25.

[67] Anh N D，Nguyen N X. Design of TMD for damped linear structures using the dual criterion of equivalent linearization method [J]. International Journal of Mechanical Sciences，2013，77（12）：164-170.

[68] Lou Meng Lin，Wang Wen Jian. Study on soil-pile-structure-TMD interaction system by shaking table model test [J]. Earthquake Engineering and Engineering Vibration，2004，3（1）：127-137.

[69] Goodno B J，Gere J M. Analysis of shear cores using supere lements [J]. Journal of the Structural Division，1976，102（1）：267-283.

[70] Goodno B J，Gere J M. Earthquake behavior of Suspended-Floor building [J]. Journal of the Structural Division，1976，102（5）：973-992.

[71] Gerges R R，Vickery B J. Paramentric experimental study of wire rope spring tuned mass dampers [J]. Journal of Wind Engineering and Insustrial Aerodyn，2003，91（12）：1363-1385.

[72] 李宏男，宋本有. 高层建筑利用悬吊质量摆的减震研究 [J]. 地震工程与工程振动，1995（04）：55-61.

[73] 侯洁. 非线性悬吊质量摆对高耸结构减震控制的研究 [D]. 大连：大连理工大学，2014.

[74] 秦丽，闫维明，呼学军，等. 河南艺术中心标志塔 TMD 地震控制 [J]. 北京工业大学学报，2009（06）：761-768.

[75] 侯洁，霍林生，李宏男. 非线性悬吊质量摆对输电塔减振控制的研究 [J]. 振动与冲击，2014（03）：177-181.

[76] Fransa R，Arfiadi Y. Designing optimum locations and properties of MTMD systems [J]. Civil Engineering Innovation for a Sustainable，2015，125（期缺失）：892-898.

[77] Lina Chi Chang，Lyan-Ywan L，Ging-Long L，et al. Vibration control of seismic structures using semi-active friction multiple tuned mass dampers [J]. Engineering Structures，2010，32（10）：3404-3417.

[78] Igusa T，Xu K. Vibration control using multiple tuned mass dampers [J]. Journal of Sound and Vibration，1994，175（2）：491-503.

[79] Igusa T，Xu K. Vibration reduction characteristics of distributed tuned mass dampers [C]//Proceedings of the Fourth International Conference，1991：921-930.

[80] Igusa T，Xu K. Wind-band response characteristics of multiple subsystem with high modal density [C] //Proceedings of the Second International Conference. Florida，U. S. A，1991：1037-1042.

[81] Xu K，Igusa T. Dynamic characteristics of multiple substructures with closely spaced frequencies [J]. Earthquake Engineering and Structural Dynamics，1992，21（3）：1059-1070.

[82] Yamaguchi H，Harnpornchai N. Fundamental characteristics of multiple tuned mass dampers for suppressing harmonically forced oscillations [J]. Earthquake Engineering and Structural Dynamics，1993，22（4）：51-62.

[83] 涂文戈，邹银生. MTMD 对建筑结构多模态控制的减震分析 [J]. 地震工程与工程振动，2003 （05）：174-179.

[84] 黄炜，王猛，卢俊龙，等. MTMD-耗能框架填充墙减震数值分析 [J]. 振动与冲击，2012（04）：86-91.

[85] 周晅毅，林勇建，顾明. 大跨屋盖结构 MTMD 风振控制最优性能研究 [J]. 振动工程学报，2015（02）：277-284.

[86] 张珺丽. 基于 FPS-MTMD 装置的超高层结构抗震分析 [D]. 南昌：南昌大学，2015.

[87] 彭文屹，曾少鹏，章少青. 形状记忆合金在土木工程上的应用进展 [J]. 热处理技术与装备，2007（05）：1-5＋13.

[88] 阎石，于君元，牛健，等. 基于 SMA 的风机塔架结构风致振动控制研究 [J]. 防灾减灾工程学报，2016（01）：159-164.

[89] 孟庆利. SMA 金属橡胶阻尼器减振效能试验研究 [J]. 西安建筑科技大学学报（自然科学版），2015（06）：804-807.

[90] 任文杰，王利强，穆蒙蒙. SMA 阻尼器控制单自由度结构在地震激励下的平稳随机振动研究 [J]. 工程力学，2016（04）：98-103.

[91] 聂攀，庄鹏，杜红凯. 大尺寸 SMA 弹簧在滑动隔震系统中的被动控制研究 [J]. 建筑技术开发，2016（01）：6-8.

[92] 毛晨曦，张亮泉. 形状记忆合金应变感知特性试验研究 [J]. 低温建筑技术，2007（03）：51-52.

[93] 李广波，崔迪，洪树蒙. 超弹性形状记忆合金丝力学性能试验研究 [J]. 大连大学学报，2008（03）：129-133.

[94] 吴晓东，王征，吴建生. 用于智能材料与结构的 NiTi 丝的电阻特性研究 [J]. 上海交通大学学报，1998（02）：82-85.

[95] 赵可昕，杨永民. 形状记忆合金在建筑工程中的应用 [J]. 材料开发与应用，2007（03）：40-46.

[96] Robert K，Jack H，Steve S. Structure damping with shape memory alloys [C]//Proc. of SPIC，244，1995：225-249.

[97] Muller I. A model for a body with shape memory [J]. Arch. Rat. Mech. Anal. ，1979，70（1）：61-77.

[98] Tanaka K. A Thermo-mechanical sketch of shape memory effect ONE dimensional tensile behavior [J]. Research Mechanic，1986（18）：251-263.

[99] Rogers C L，Jia J. Behavior of shape memory alloys reinforced composite Plates-Parts i and Ⅱ [C] //Proceedings of the 30th Structures，Structural Dyn，AL，1989：2011-2017.

[100] Liang C，Rogers C A. One-dimensional Thermo mechanical Constitutive Relations for Shape Memory Materials [J]. Journal of Intelligent Material System and Structu，1990，1（2）：207-234.

[101] Billah A M，Alam M S. Plastic hinge length of shape memory alloy（SMA）reinforced concrete bridge pier [J]. Engineering Structures，2016，17（5）：321-331.

[102] Shafiei A，Namin M L. Experimental investigation on the effect of hydrated lime on mechanical

properties of SMA [J]. Construction and Building Materials，2014，70（15）：379-387.

[103] Corbi O. Shape memory alloys and their application in sturctural oscillations attenuation [J]. Simulation Modeling Practice and Theory，2003，11（5-6）：387-402.

[104] Cozzarelli F A，Witting P R. Shape memory alloy structure damper：material properties ，design and seismic testing，Technical Report NCEER-92-0013 [R]，1992：78-81.

[105] 王社良，巨生国，苏三庆. 形状记忆合金的超弹性恢复力模型及其结构抗震控制 [J]. 工业建筑，1999（03）：49-52.

[106] 王社良，苏三庆，沈亚鹏. 形状记忆合金拉索被动控制结构地震响应分析 [J]. 土木工程学报，2000（01）：56-62.

[107] 毛晨曦. 结构地震损伤监测与控制的 SMA 智能系统 [D]. 哈尔滨：哈尔滨工业大学，2006.

[108] 李惠，毛晨曦. 形状记忆合金（SMA）被动耗能减震体系的设计及参数分析 [J]. 地震工程与工程振动，2001（S1）：54-59.

[109] 毛晨曦，李惠，欧进萍. 形状记忆合金被动阻尼器及结构地震反应控制试验研究和分析 [J]. 建筑结构学报，2005（03）：38-44.

[110] 李惠，毛晨曦. 新型 SMA 耗能器及结构地震反应控制试验研究 [J]. 地震工程与工程振动，2003（01）：133-139.

[111] 任文杰. 超弹性形状记忆合金丝对结构减震控制的研究 [D]. 大连：大连理工大学，2008.

[112] 倪立峰，李爱群，左晓宝，等. 工程结构的 SMA 超弹性减振技术及其应用研究 [J]. 工业建筑，2003（06）：1-2＋61.

[113] Indirli M，Castellano M G，Clemente P，et al. Demoapplication of shape memory alloy devices：the rehabilitation of the S. Giorgio Church Bell Tower，4330 [R]，2001：262-272.

[114] 王社良，赵祥，朱军强，等. 含形状记忆合金自复位阻尼器隔震结构的地震反应分析 [J]. 建筑结构学报，2006（05）：110-117.

[115] 赵祥，王社良，周福霖，等. 某古塔结构振动台试验研究 [J]. 世界科技研究与发展，2012（01）：69-75.

[116] 中华人民共和国建材行业标准. 回弹仪评定烧结普通砖强度等级的方法 JC/T 796—2013 [S]. 北京：中国建材工业出版社，2013.

[117] 中华人民共和国行业标准. 贯入法检测砌筑砂浆抗压强度技术规程 JGJ/T 136—2001 [S]. 北京：中国建筑工业出版，2002.

[118] 中华人民共和国国家标准. 砌体结构设计规范 GB 50003—2011 [S]. 北京：中国建筑工业出版社，2009.

[119] 刘羽. 汶川地震中龙护舍利塔的损伤特征研究 [D]. 扬州：扬州大学，2012.

[120] 潘毅，王超，季晨龙，等. 汶川地震中砖石结构古塔的震害调查与分析 [J]. 四川建筑科学研究，2012（06）：156- 159.

[121] 卢俊龙. 兴教寺玄奘塔抗震性能评估与加固 [J]. 建筑结构，2012（12）：98-101.

[122] 郑天天. 砖石古塔抗震性能分析及加固方案探讨 [D]. 西安：西安建筑科技大学，2010.

[123] 张文明. 砖石古塔的抗震性能评估及地震破坏机理研究 [D]. 西安：西安建筑科技大学，2008.

[124] 中华人民共和国国家标准. 建筑抗震设计规范 GB 50011—2010 [S]. 北京：中国建筑工业出版社，2010.

[125] Pierino Lestuzzi Youssef BelmoudenMartin Trueb. Non-linear seismic behavior of structures with limited hysteretic energy dissipation capacity [J]. Bullearthquakeeng，2007，5（4）：549-569.

[126] Soroushian S，Maragakis E″，Arash E Z，et al. Response of a 2-story test-bed structure for the seismic evaluation of nonstructural systems [J]. Earthquake Engineering and Engineering Vibra-

tion，2016（01）：19-29.

[127] 任文杰，李宏男，宋钢兵. 基于频率效应的超弹性形状记忆合金本构模型 [J]. 工程力学，2008（09）：52-59+65.

[128] 钱辉，李宏男，宋钢兵，等. 基于塑性理论的形状记忆合金本构模型、试验和数值模拟 [J]. 功能材料，2007，238（07）：1114-1118.

[129] 闫亚光. 应用 SMA 拉索的高层钢结构振动控制研究 [D]. 天津：河北工程大学，2008.

[130] 孟和. 应用形状记忆合金进行空间结构抗震监控的理论和方法研究 [D]. 西安：西安建筑科技大学，2010.

[131] 王珊珊. 新型 SMA 滚动隔震支座的研究 [D]. 青岛：青岛理工大学，2013.

[132] Brinson L C. One-Dimensional constitutive behavior of shape memoryalloys：thermo mechanical derivation with Non-Constant material functions and redefined martensite internal variable [J]. Journal of Intelligent Material System and Structu，1993，4（2）：229-242.

[133] 任文杰，何鹏飞，周载. 超弹性形状记忆合金的神经网络连续本构模型 [J]. 功能材料，2012，v. 43；No. 302（11）：1396-1398.

[134] 陶凤玲，袁俊英，刘海波等. 基于人工神经网络的龙羊峡水库预报 [J]. 青海大学学报

[135] Nguyen Trong T A. A RBF neural network sliding mode controller for SMA actuator [J]. International Journal of Control，Automation，and，2010，8（6）：1296-1305.

[136] 周媛，王社良，王德利. 基于遗传算法的奥氏体 SMA 神经网络本构模型 [J]. 哈尔滨工程大学学报，2016，37（8）：1057-1062.

[137] Asad Ullah AwanJaemann ParkHyoun Jin KimJunghyun RyuMaenghyo Cho. Adaptive control of a shape memory alloy actuator using neural-network feedforward and RISE feedback [J]. International Journal of Precision Engineering and Manufacturing，2016，17（4）：409-418.

[138] Van Phu DoPhi Luan NguyenByung Ryong Lee. Genetic algorithm-based hysteresis modeling and identification of rotary SMA actuators [J]. Journal of Mechanical Science and Technology，2014，28（3）：1055-1063.

[139] 解海涛. 基于遗传神经网络的米用航空器 SDR 预测 [D]. 南京：南京航空航天大学，2009.

[140] 展猛，王社良，王德利. 基于 BP 网络本构模型的 SMA 拉索系统优化控制分析 [J]. 地震工程与工程振动，2016，36（3）：187-192.

[141] 彭云娟. 结构振动控制的神经网络控制方法研究 [D]. 武汉：武汉理工大学，2006.

[142] 薛明玉. 遗传算法和神经网络的结构损伤识别中的应用 [D]. 大连：大连理工大学，2010.

[143] MATLAB 中文论坛. MATLAB 神经网络 30 个案例分析 [M]. 北京：北京航空航天大学出版社，2010.

[144] 毛晨曦. 结构地震损伤监测与控制的 SMA 智能系统 [D]. 哈尔滨：哈尔滨工业大学，2006.

[145] Soong T T，Dargush G F. Passive energy dissipation systems in structural engineering [M]. New York：JOHN Wiley&Sons，1997.

[146] 张力. 导管架海洋平台冰激振动控制的实验研究 [D]. 大连：大连理工大学，2008.

[147] 张俊平. 结构振动控制的两个理论问题 [J]. 地震工程与工程振动，2000，20（1）：125-129.

[148] 姚勇政. 多自由度动力吸振器的优化设计 [D]. 西安：西安建筑科技大学，2011.

[149] 张洪田，刘志刚，王芝秋，等. 多自由度振动系统动力吸振器参数优化设计方法及分析 [J]. 哈尔滨工程大学学报，1996，v. 17；No. 57（02）：19-25.

[150] 金玲. 地震作用下多个调谐质量阻尼器的优化设计 [D]. 长春：吉林大学，2008.

[151] 李沙沙. TMD 框架动力时程分析的精细积分法 [D]. 邯郸：河北工程大学，2015.

[152] 汪正兴，任文敏，苏继宏，等. 多重调谐质量阻尼器参数优化的一种改进算法及其应用 [J].

工程力学，2005（05）：26-30.

[153] 倪向雷. 被动调谐型动力吸振器参数优化研究 [D]. 大连：大连理工大学，2007.

[154] 背户一登. 结构振动控制 [M]. 北京：机械工业出版社，2011.

[155] 倪铭. 双重调谐吸振器及其参数优化 [D]. 北京：北京工业大学，2015.

[156] 彭凌云，康迎杰，秦丽，等. 风荷载作用下复刚度阻尼 TMD 减振结构优化设计 [J]. 振动与冲击，2015（21）：25-30.

[157] 姜彧. 古建筑瓦石工程施工细节详解 [M]. 北京：化学工业出版社，2014.

[158] 中华人民共和国国家标准. 砌体基本力学性能实验方法标准 GB/T 50129—2011 [S]. 北京：中国建筑工业出版社，2011.

[159] 中华人民共和国行业标准. 建筑抗震实验规程 JGJ/T 101—2015 [S]. 北京：北京建筑工业出版社，2015.

[160] 王正林. MATLAB/Simulink 与控制系统仿真 [M]. 北京：电子工业出版社，2012.

[161] 王江. 基于 MATLAB/Simulink 系统仿真权威指南 [M]. 北京：机械工业出版社，2013.

[162] 薛定宇，陈阳泉. 基于 MATLAB/Simulink 的系统仿真技术与应用 [M]. 北京：清华大学出版社，2011.

[163] 毛利军，李爱群. 基于 SIMULINK 的基础滑移隔震结构仿真计算分析 [J]. 东南大学学报，2002，32（5）：804-808.

[164] Cek P, Reynolds D, Seidman T. Computational modeling of vibration damping in SMA wires [J]. Continuummech. Thermodyn, 2004（16）：495-514.

[165] Zheng En Lai, Zhou Xin Long, Zhu Si Hong. Dynamic response analysis of block foundations with nonlinear dry friction mounting system to impact loads [J]. Ournal of Mechanical Science and Technology，2014，28（7）：2535-2548.

[166] DiasWilson C M, Abdullah M M. Structural vibration reduction using self-tuning fuzzy control of magnetorheological dampers [J]. Bulletin of Earthquake Engineering, 2010（8）：1037-1054.

[167] 凌育洪. 自复位记忆合金阻尼器的数值模拟及工程应用 [D]. 广州：华南理工大学，2013.

[168] 涂文戈，邹银生. MTMD 对建筑结构多模态控制的减震分析 [J]. 地震工程与工程振动，2003（05）：174-179.

[169] 涂文戈，邹银生. MTMD 减震结构体系的频域分析 [J]. 工程力学，2003（03）：78-88.

[170] 涂文戈，邹银生. 基于能量方程的建筑结构半主动控制 [J]. 地震工程与工程振动，2005（03）：145-151.

[171] （美）R 克拉夫. 结构动力学 [M]. 北京：高等教育出版社，2006.

[172] 袁正国. 基于 Simulink 的基础隔震和层间隔震地震反应分析 [J]. 世界地震工程，2014，v. 30（04）：212-217.

[173] 王雯艳. 基于 CNN 的混沌系统设计及应用研究 [D]. 南京：南京航空航天大学，2013.

[174] 周建龙，江晓峰，王建. 基于能量分析的抗震设计与工程应用研究 [J]. 建筑结构，2012，v. 42；No. 341（05）：150-154＋13.

[175] 付亮华. 基于能量平衡的抗震结构地震反应分析 [D]. 沈阳：沈阳工业大学，2013.

[176] 熊仲明，张萍萍，韦俊，等. 滑移隔震结构基于能量分析的简化计算方法研究 [J]. 西安建筑科技大学学报（自然科学版），2012，44（3）：305-309.

[177] 秋山宏. 基于能量平衡的建筑结构抗震设计 [M]. 北京：清华大学出版社，2010.

[178] Lou Meng Lin, Wang Wen Jian. Study on soil-pile-structure-TMD interaction system by shaking table model test [J]. Earthquake Engineering and Engineering Vibration，2004，3（1）：127-137.

[179] Goodno B J, Gere J M. Earthquake behavior of Suspended-Floor building [J]. Journal of the

Structural Division，1976，102（5）：973-992.

[180] 彭斌，刘卫东，杨伟波. 在役历史建筑砌体承重墙抗震性能试验研究［J］. 工程力学，2009，26（12）：112-118，126.

[181] 李今保，阿炳故居砖砌体注浆绑结加固技术［J］. 建筑结构，2007，37（7）：616-618.

[182] 盛发和，徐峰，廖绍锋. 砖石结构古建筑渗浆加固的研究报告［J］. 敦煌研究，2000，63：158-167，241.

[183] 杨富巍. 无机胶凝材料在不可移动文物保护中的应用［D］. 浙江大学，2011.

[184] 黄金明. 环氧树脂灌浆材料的配制及其改性研究与应用［D］. 长沙：湖南大学，2006.

[185] 蓝燕飞. 功能化石墨烯增强聚酰亚胺纳米复合材料的制备及性能研究［D］. 抚州：东华理工大学，2016.

[186] 杨雨佳. 晶须材料增强油井水泥石力学性能及机理研究［D］. 成都：西南石油大学，2016.

[187] 施永乾. 石墨状氮化碳杂化物的制备及其聚苯乙烯复合材料的燃烧性能与阻燃机理研究［D］. 合肥：中国科学技术大学，2016.

[188] 杨刚，姜勇刚，冯坚，等. 气凝胶材料力学性能增强方法研究进展［J］. 材料导报，2016（S1）：270-273.

[189] 李玉杰. 聚亚苯基砜/聚苯醚共混物及其玻纤增强材料的制备与性能研究［D］. 长春：吉林大学，2016.

[190] 董景隆. 改性酚醛树脂/碳纤维复合材料的研究［D］. 长春：长春工业大学，2016.

[191] 严晨峰. 纤维素纳米球增强聚乳酸纳米复合材料的构筑及性能研究［D］. 杭州：浙江理工大学，2016.

[192] 吴波伟. 低弹纬编增强材料拉伸性能影响因素的研究［D］. 天津：天津工业大学，2016.

[193] 陈伟科. 高强度超拉伸水凝胶的制备［D］. 广州：华南理工大学，2015.

[194] 邵再东，张颖，程璇. 新型力学性能增强二氧化硅气凝胶块体隔热材料［J］. 化学进展，2014（08）：1329-1338.

[195] 陈达. 碳纳米管/聚乙烯复合材料的力学性能研究［D］. 广州：华南理工大学，2014.

[196] 吴义强，秦志永，李新功，等. 纳米 $CaCO_3$ 对木纤维增强生物可降解复合材料力学性能的影响［J］. 林产工业，2012（02）：19-22.

[197] 徐洪耀，贾勇，冯燕. 聚合物/POSS 纳米复合材料热性能增强机理研究进展［J］. 高分子材料科学与工程，2008（12）：15-19.

[198] 焦珑，康卫民，程博闻. 碳纳米管修饰碳纤维增强树脂基复合材料力学性能研究进展［J］. 材料导报，2013（23）：88-92.

[199] 陈辉，吴其胜. 硫酸钙晶须增强树脂基复合摩擦材料摩擦磨损性能的研究［J］. 化工新型材料，2012（08）：111-112＋147.

[200] 陈小随，张胜，许国志，等. 磷酸酯偶联剂改性芳纶纤维增强聚丙烯复合材料的性能研究［J］. 塑料科技，2011（04）：64-68.

[201] 解英，吴宏武. 表面处理方法对植物纤维增强高分子基复合材料性能的影响评述［J］. 化工进展，2010（07）：1256-1262.

[202] 高蕴，王勇攀，孙芳，等. 不同增强材料 PVC 复合材料隔声性能研究［J］. 浙江理工大学学报，2008（01）：1-5＋33.

[203] 陶秋旺. 多孔砖砌体基本力学性能研究及有限元分析［D］. 长沙：湖南大学，2005.

[204] 奥尼西克. 砖石结构的研究［M］. 北京：科学出版社，1955.

[205] 施楚贤. 对砌体结构类型的分析与抗震设计建议［J］. 建筑结构，2010（40）：74-76.

后　　记

　　"未觉池塘春草梦，阶前梧叶已秋声"。十年前懵懂的我怀揣着梦想进入科学研究的殿堂，回想起在这段奋斗的时光，虽然艰辛但也充满无限乐趣。在此特向多年培养我的恩师王社良教授致以崇高的敬意和真挚的感谢！同时感谢赵祥师兄、李彬彬师兄、刘伟师兄，西北农林科技大学的张博师兄，长安大学的熊二刚师兄、樊禹江师兄，西安石油大学的朱熹育师兄，谢谢你们在我本书撰写过程中提供的无私帮助。感谢与我共渡难关的可爱的师弟、师妹们，胡庆涛、袁敏、王正操、张楠、施之骐、刘忠华，感谢你们和我一起并肩作战，如果不是你们尽心尽力、无私的帮助，我们的试验任务将难以顺利完成，谢谢你们！

　　衷心的感谢我的同窗好友，任松波博士、马越博士、刘洋博士等，感谢你们在生活中给予关心和帮助；同时感谢试验室郭昕老师、王燕老师以及西安博物院王乐庆老师，能之兴机电有限公司的王新刚工程师，感谢你们在试验中给予的大力支持和无私帮助。

　　父爱如山、母爱如海，深深的感谢我的父母，儿子30多年来的成长之路，拖白了你们的丝发，大恩无以言报，唯有加倍努力，以慰父母苦心；特别感谢妻子岳青芳博士，谢谢你对家人的照顾，对我的支持和理解，唯有不断奋斗，不负知遇之情，感谢儿子给我带来的"烦恼"与快乐。